中国全国碳市场总体方案与关键制度研究

OVERALL SCHEME
AND KEY MECHANISMS
OF CHINA'S NATIONAL CARBON MARKET

张希良　马爱民◎著

·北京·

编委会

主　编：张希良　马爱民

副主编：段茂盛　张　昕　周　丽　刘文博

编写组

前　言 /

马爱民　张　昕　刘文博

第一章 / 全国碳市场设计的总体考虑

张希良　段茂盛

第二章 / 覆盖范围与配额总量设定

佟　庆　周　丽　张希良　石丽娜　袁宝荣

第三章 / 配额分配

周　丽　王　宇　张希良　石丽娜　曲　迪

第四章 / 监测、报告与核查

张丽欣　曾　桉　刘文博

第五章 / 抵销机制

刘文博　张　昕　周　丽

第六章 / 遵约机制

段茂盛　马爱民

第七章 / 市场交易监管与价格调控

段茂盛　李　瑾　翁玉艳

第八章 / 支持全国碳市场建设行动与实践

李　强　袁宝荣　石丽娜　周　丽

第九章 / 结论与展望

张希良　马爱民

附　录　刘文博　肖　羽　张万军

Overall scheme and key mechanisms of China's national carbon market

致谢

中国 PMR 项目组建了编委会和编写团队。《中国全国碳市场总体方案与关键制度研究》（以下简称《研究》）是对中国 PMR 项目研究成果的系统集成和凝练。《研究》经过多轮次的中外专家同行评审，并征求行业协会、中国 PMR 项目课题组、研究机构、非政府组织、相关企业的意见，于 2020 年 8 月发布（征求意见单位和同行评审专家名单附后）。《研究》的编制得到了中国 PMR 各课题组的大力支持，也受到了国内外应对气候变化领域同仁的高度关注和大力支持。

在此，特别感谢生态环境部气候司、财政部国合司、工信部节能司、生态环境部科财司、证监会期货部、能源局电力司、能源局法改司、统计局能源司等项目指导委员会各成员单位的指导，特别感谢世界银行气候变化局、世界银行北京办公室、世界银行市场伙伴准备基金秘书处的支持和指导，特别感谢 PMR 相关赠款国的资金支持和技术支持，也特别感谢其他支持中国全国碳市场建设的国际赠款项目的大力支持。

中国 PMR 项目指导委员会单位

生态环境部应对气候变化司

财政部国际财金合作司

工业和信息化部节能与综合利用司

生态环境部科技与财务司

中国证券监督管理委员会期货监管部

国家能源局电力司

国家能源局法制和体制改革司

国家统计局能源统计司

中国 PMR 项目专家委员会成员

杜祥琬　刘燕华　何建坤　周大地　白荣春　徐华清　段茂盛　康艳兵　李佐军

同行评审专家

康艳兵　国家节能中心

张晶杰　中国电力企业联合会

于凤菊　北京市应对气候变化管理事务中心

刘清芝　中环联合（北京）有限公司认证中心

齐绍洲　武汉大学

孙轶颋　中国环境科学学会气候投融资专业委员会

张敏思　国家应对气候变化战略研究和国际合作中心

曾雪兰　广东工业大学

史伟伟　大唐碳资产有限公司

摘要

中国把应对气候变化作为国家重大战略纳入国民经济和社会发展规划，把控制温室气体排放作为调整经济结构、转变发展方式的重要抓手。建立健全全国碳排放权交易市场（全国碳市场）是中国生态文明体制改革的重要任务，是提高生态环境治理水平、完善环境资源价格机制的重要抓手，是探索利用市场机制控制温室气体排放的政策工具。

2011 年，中国获得世界银行“市场伙伴准备基金”（partnership for market readiness，简称 PMR）赠款，用于支持开展全国碳市场制度设计和深化研究。本书从全国碳市场总体设计，碳市场的若干关键要素的研究，国家、地方及企业开展的行动和实践及总结展望几个方面，对中国 PMR 项目研究成果进行系统集成和凝练。

中国明确提出了近、中期控制二氧化碳排放目标。中国建设碳市场最主要的目的就是以尽量小的社会成本完成碳减排目标。建设全国碳市场是贯彻落实习近平生态文明思想的一个重要制度安排，也是对中国应对气候变化政策体系的重要发展和完善。

全国碳市场设计中应遵循五条原则：1）碳市场一般性理论与中国的实际相结合；2）碳市场设计与宏观经济改革政策相一致；3）统筹好近期与长远、效率与公平之间的关系；4）统筹好全国碳市场与地方碳市场试点和全球碳市场发展的关系；5）统筹好全国碳市场建设与电力市场化改革之间的关系。

为保证体系可被各方接受从而顺利运行，全国碳市场的设计应充分考虑多个不同方面的关键因素，例如不同区域之间的巨大差异与规则的全国统一性、体系的减排效果与对经济和相关行业发展的可能负面影响、体系设计的有效性与不断变化的政策环境、不同的行业主管部门及不同层级主管部门之间的责任和义务的划分等。

考虑相关行业企业排放特征、数据基础、减排潜力和减排成本，以及相关政策的协调难度、管理成本等因素，全国碳市场现阶段仅包括二氧化碳一种温室气体，覆盖电力、有色金属、钢铁、建材、石化、化工、造纸、民航等八大行业，年排放达到2.6万吨二氧化碳（年综合能耗达到1万吨标准煤）的企事业单位，不仅考虑直接排放，也包含热力和电力导致的间接排放。全国碳市场覆盖的行业范围可以是一个动态扩大的过程。

目前，全国碳市场采用“灵活总量”，按自上而下与自下向上相结合的方法设定总量。该方法考虑要素包括：全国碳减排目标、期望的碳市场贡献率、碳市场排放比例、行业经济发展速度、行业的排放基准值、产品产量等。中国基于强度的碳市场只对企业的碳排放强度或碳生产力水平有要求，而不对企业的产量施加任何限制，有利于淘汰落后产能，促进中国产业结构调整和转型升级。

配额分配初期以免费发放为主，逐步收紧，兼顾不同行业之间的平衡，避免给企业造成沉重负担，增加制度的社会可接受性。配额免费分配方法包括基于当年实际产出的行业基准法和基于当年实际产出的历史强度下降法。适时引入配额有偿分配机制，逐步增加有偿分配比例。

全国碳市场数据质量管理体系的基本框架应包括监测、报告和核查三个部分。根据中国实际情况，建立满足数据完整准确、方法清晰透明、数据质量可比等要求的MRV（监测、报告与核查）体系。数据监测计划包括监测计划制定及修订、报告主体描述、核算边界和主要排放设施描述、活动数据和排放因子的确定方式及数据内部质量控制和质量保证相关规定。数据报告管理制度应当涵盖管理职责、报告要求、监督管理及法律责任等主要内容。数据报送的对象包括监测计划和排放报告。数据核查由核查机构根据国家统一的规范实施。

抵销机制能够降低排放企业的遵约成本，可以促进未纳入碳市场的减排活动，也是一种调节市场价格的手段。在全国碳市场建设初期，应设立抵销机制，按照“先易后难、循序渐进”的原则，将中国核证自愿减排量（CCER）作为抵销碳信用使用，明确关于合格CCER来源项目的类型、所在地、产生时间、使用上限等要求，逐步完善抵销机制制度和规则。

合理的遵约机制对于促进纳入企业按时完成其义务至关重要，建议出台全国碳市场管理条例，解决现有部门规章法律效力不足的问题。除了经济处罚，应采取多种综合措施：1）将重点排放单位的遵约行为纳入信用管理体系；2）针对不遵约企业，取消其享受相关优惠政策的资质，暂停对其相关项目进行审批等；3）将遵约情况纳入对国有企业负责人的考核等。除条例之外，还须制定与条例配套的遵约机制的实施细则，明确规定针对不同的不遵约行为的具体处罚规则，限定主管部门在执法中的灵活性。

碳市场交易监管制度建设既要综合考虑一般大宗商品市场中可能出现的违规交易等各种风险，也要考虑碳市场中的各类特殊问题，如主管部门的职能、交易参与人准入和管理、交易管理机构和服务机构的管理、交易异常行为的识别与处理、不同市场的联动等。交易监管制度设计的关键要素包括监管对象、监管机构、监管方式、交易产品、交易方式、交易参与人资格、交易行为、交易信息、法律责任等。

市场调节机制不仅要考虑体系排放总量，也应充分考虑配额价格。为了在较长时期内将碳价水平稳定在合理范围内，全国碳市场应引入市场调节机制：1）选择碳价水平作为触发条件；2）考虑综合使用设置拍卖底价、以价格触发的临时拍卖和配额回购等三种方式实施市场调节；3）合理的碳价下限能够更有效地支撑国内节能降碳约束性目标和国际应对气候变化减排承诺目标的实现；4）设立配额储备账户并进行资金储备。

全国碳市场建设所涉及的问题十分复杂，建设任务十分艰巨，这就决定着全国碳市场建设不可能一蹴而就，而是一个分阶段的和不断发展完善的长期工程。全国碳市场建设可以分为近期和未来两个阶段。近期，主要任务是全面完成碳市场"三大制度"和"三大系统"的建设，出台碳市场管理条例，启动发电行业的交易。未来，建议根据"适度从紧"的原则，设定全国碳市场的配额总量。适时引入拍卖等配额有偿分配方法，不断提高配额有偿分配的比例。进一步扩大行业覆盖范围和降低企业门槛。引入抵销机制，适时引入控排企业之外其他投资者参加交易，适时扩大交易产品品种。积极研究并适时开展与全球其他碳市场的链接工作。

中国 PMR 项目产出质量和研究成果政策转化水平较高，为全国碳排放权交易体系建设相关重点任务提供了有力的技术支撑。中国 PMR 项目部分产出已直接应用于全国碳市场的实际工作。项目研究为《全国碳排放权交易总量设定与配额分配方案》、《全国碳市场建设方案（发电行业）》、"全国碳排放权交易覆盖行业及代码"、"全国碳排放权交易企业碳排放补充数据核算报告模板"、"全国碳排放权交易第三方机构及人员参考条件、核查参考指南"等提供了主要技术支撑。其他重要政策建议已形成政策储备和决策支撑。

项目在山西、内蒙古、辽宁、黑龙江、山东、重庆六个省市开展了参与全国碳排放权交易体系关键问题的研究任务，从确定重点排放单位名单、完善核查工作体系、提高监督管理水平等方面提升地方应对气候变化主管部门参与全国碳市场能力。在帮助地方建立制度体系的基础上，项目发布了全国碳市场系列培训教材，累计培训 55 场，约 12400 人次，并对部分省市的 300 余家全国碳市场重点排放单位碳排放情况开展了核查、复核和调研，提高了地方应对气候变化主管部门与企业参与全国碳市场的能力。

前言

中国高度重视应对气候变化，把应对气候变化作为国家重大战略纳入国民经济和社会发展规划，把控制温室气体排放作为调整经济结构、转变发展方式的重要抓手，不断完善应对气候变化体制机制和政策目标体系。建立健全全国碳排放权交易市场（以下简称“全国碳市场”）是中国生态文明体制改革的重要任务，是提高生态环境治理水平、完善资源环境价格形成机制的重要抓手，是探索利用市场机制推动低碳发展的重要政策工具。

世界银行于2011年成立“市场伙伴准备基金”（partnership for market readiness，简称PMR），支持发展中国家运用市场机制控制温室气体排放、实现低碳发展。中国同年以受赠国身份加入PMR，分2期共接受1000万美元赠款，开展全国碳市场制度设计和深化研究，执行期为2015年2月至2020年8月。在项目单位的共同努力下，中国PMR项目获得2018年度世界银行行长杰出成就奖。

中国PMR项目的目标是为中国建立全国统一的碳排放权交易市场提供政策建议和技术支持。为保障项目取得预期效果，中国PMR项目建立了日常管理、沟通协调和监督管理体系，由项目指导委员会和项目管理办公室两级监管。项目指导委员会由生态环境部（2018年机构改革前为国家发展改革委）、财政部、工信部、证监会、能源局、统计局相关司局组成，负责统筹、指导项目执行，并对重大问题进行决策。生态环境部应对气候变化司是项目指导委员会的主任单位，负责执行项目指导委员会日常事务、召集项目指导委员会会议、指导项目管理办公室开展日常项目活动。项目管理办公室设在国家应对气候变化战略研究和国际合作中心（2019 年前为国家发展改革委应对气候变化司），负责项目执行中的协调、管理和监督。项目管理办公室内部也建立健全了采购、财务和管理工作制度，保障项目活动规范有效实施。为保障项目研究成果质量，项目管理办公室还设立了专家委员会，由科技部、国家能源局、中国工程院、国务院发展研究中心、国家气候战略中心、国家发展改革委能源研究所、清华大学等单位的专家组成。

在筹备阶段，中国 PMR 项目基于当时对中国实际情况的研究，吸收了 7 个碳交易试点省市的初步经验，提出了《中国建立全国统一碳排放权交易市场的项目建议书》，该建议书反映了中国政府建设全国统一碳排放权交易体系的初步考虑，识别了全国碳市场的支撑体系、核心要素和应特别关注的问题。

中国 PMR 项目一期共包含了 12 个课题（附录 1）。2014 年 3 月，中国 PMR 项目一期发布了 800 万美元的总采购招标公告，开展了全国碳市场制度研究顶层设计，包括碳排放交易体系的覆盖范围、总量设定、配额分配方法和补充机制研究，交易管理办法、机制和监管体系研究，监测、报告与核查体系研究，注册登记系统功能扩展与完善，中央企业、电力企业和部分省（区、市）参与全国碳排放交易关键问题研究等活动。

中国 PMR 项目第一期重点研究任务及逻辑关系框架如图 1 所示。

2019 年 9 月，中国 PMR 项目二期发布了 200 万美元的总采购招标公告，在一期研究成果的基础上，对全国碳市场运行中亟须解决的重点问题开展研究，包括全国碳市场注册登记系统和交易系统建设与运维评估监管及与地方系统衔接研究、碳市场运维监管研究及行业基准值研究、碳市场运行与气候

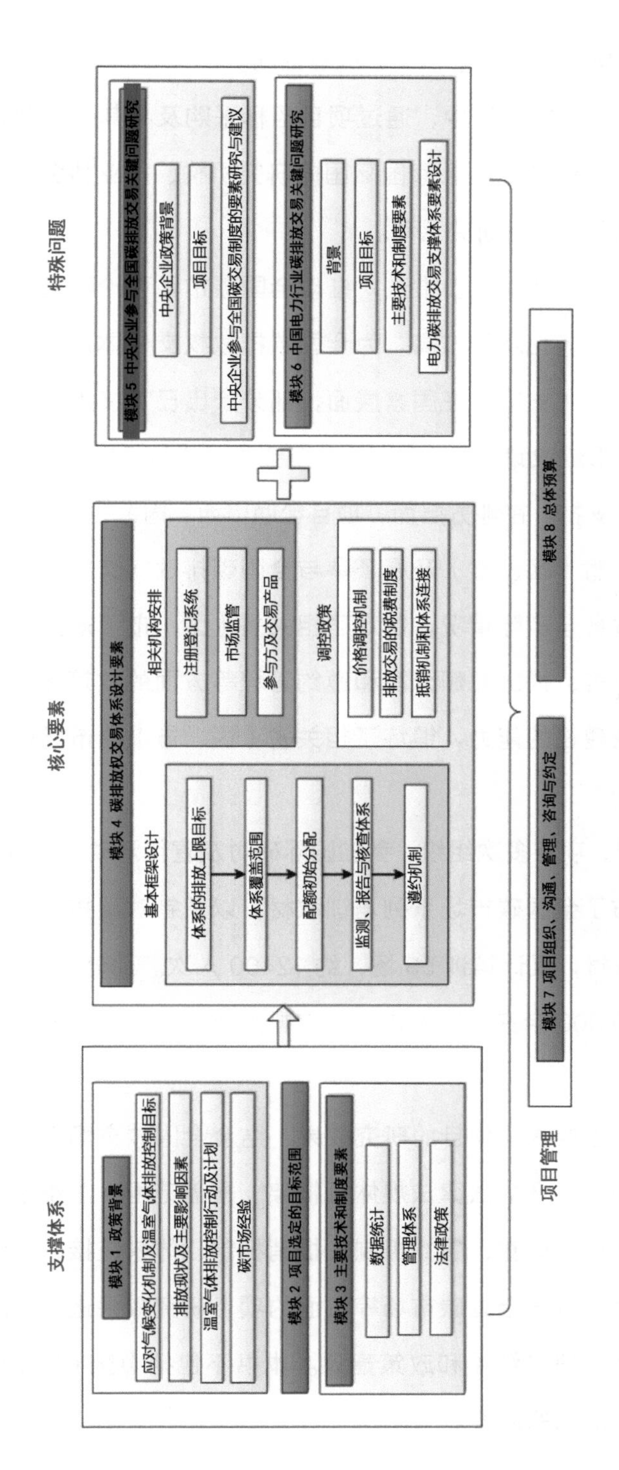

图 1 中国 PMR 项目第一期重点研究任务及逻辑关系框架

投融资政策的互动影响机制研究等活动。

项目在执行过程中，通过项目招标采购及与其他国际机构和国际合作项目的合作调动了 100 余家国际国内研究机构、行业协会、大学、政策咨询机构和企业参与项目研究活动。

项目各项活动稳步推进，推动全国碳市场理论研究逐步深入。项目的研究成果政策转化水平较高，为全国碳排放权交易体系建设相关重点任务提供了有力的技术支撑。在国家层面，部分产出已直接应用于全国碳市场的实际工作，或形成政策储备，为 2017 年全国碳排放权交易体系的顺利启动提供坚强的技术支持。在地方层面，项目帮助山西、内蒙古、辽宁、黑龙江、山东、重庆 6 个省（区、市）开展了参与全国碳排放权交易体系关键问题研究，并结合地方各自实际情况，制定了相关省（区、市）落实全国碳市场建设的重点工作任务、提出配额分配和遵约管理等方面的政策建议，增强了其参与全国碳市场建设的能力，锻炼了相关省（区、市）碳市场相关研究人员和管理队伍。

同时，项目多次组织、参加国际研讨及宣传活动。在研究成果的基础上，项目发布了全国碳市场系列培训教材，以及针对碳排放数据管理和核查的专项培训教材，累计培训 55 场，约 12400 人次。此外，中国 PMR 项目还对部分省市的 300 余家全国碳市场重点排放单位碳排放情况开展了核查、复核和调研。

本书主要基于项目的研究成果，结合全国碳市场建设的实践和进展，重点对全国碳市场的法律法规体系框架、覆盖范围、总量设定与配额分配、数据监测报告与核算、履约机制、抵销机制、体系链接，以及电力行业、中央企业和地方参与全国碳市场等方面的项目研究成果进一步凝练，形成项目的总体发现、研究结论和政策建议。本书不包括中国 PMR 项目追加赠款（项目二期）活动的内容。

整个报告共分九章，内容包括中国 PMR 项目概述、全国碳市场总体设计的考虑、碳市场的若干关键要素的研究，以及国家、地方及企业开展的行动和实践及总结展望等几个方面。电力行业、中央企业和地方参与全国碳市场等方面的研究成果，不仅与全国碳市场各要素的研究及建设紧密结合，也开展了相关能力建设等实践活动，将以专栏形式作为各章节的有益补充。

目录 CONTENT

1 全国碳市场设计的总体考虑

2 覆盖范围与配额总量设定

3 配额分配

4 监测、报告与核查

5 抵销机制

6 遵约机制

9 结论与展望

附录

专栏目录
SPECIAL COLUMN

缩略语

AAUs	分配数量单位
AEEI	自主能源效率提高参数
AEM	基于实际产出的方法
APB	基于实际产量的基准法
ARB	空气资源委员会
AUC	拍卖
AVR	核查人员和核查机构认可条例
BAU	基准情景
CCER	国家核证自愿减排量
CCS	中国船级社
CDM	清洁发展机制
CEC	中国电力企业联合会
CEMS	连续排放监测系统
CERs	核证减排量
C-GEM	中国全球能源模型
CQC	中国质量认证中心
CO_2	二氧化碳
EDF	环境保护基金
ETS	碳排放交易体系
EU	欧盟
ERUs	减排单位
GDP	国内生产总值
GIZ	德国国际合作机构
GTAP	全球贸易分析项目
HEG	基于历史排放的祖父法
HEUG	基于历史排放的祖父法（已更新）
HPB	基于历史产量的基准法（未更新）
HPI	基于实际生产和历史排放强度的方法（未更新）
HPIU	基于实际生产和历史排放强度的方法（更新）
HPUB	基于历史产量的基准法（更新）
ICF	国际儿童基金会
IETA	国际排放交易协会
ISO	国际标准化组织
IPCC	政府间气候变化专门委员会
JI	联合执行
KETS	韩国排放权交易系统
MEE	生态环境部
MEE-CEC	中环联合（北京）认证中心有限公司
MiFIR	金融工具市场监管规则
MRG	监测和报告指南
MRR	监测和报告法规
MRV	监测、报告与核查
MSR	市场稳定储备
NDC	国家自主贡献
PMR	市场伙伴准备基金
$PM_{2.5}$	细颗粒物
TMS	温室气体目标管理体系
UNFCCC	联合国气候变化框架公约
VER	自愿碳减排

Overall scheme and key mechanisms of China's national carbon market

1 全国碳市场设计的总体考虑

中国是全球最大的发展中国家，保护生态环境的任务十分艰巨。中国高度重视应对气候变化，采取了一系列应对气候变化的行动和政策，取得了明显成效。中国单位国内生产总值的二氧化碳（CO_2）排放大幅下降，与2015年相比，2019年累计降低了18.2%，超过了18%的“十三五”约束性目标；与2005年相比，累计降低了48.1%，超过了中国向国际社会承诺的到2020年下降40%~45%的目标。未来一个时期，要实施温室气体低排放发展战略、促进经济社会低碳发展转型、实现国家自主贡献目标，中国面临着更为艰巨的任务，需要进一步开展应对气候变化技术和政策机制创新。建立全国碳排放权交易市场（简称“全国碳市场”），就是一个重要的政策机制创新，其目的是利用市场机制手段，降低中国低碳发展转型经济成本，同时也为全球应对气候变化机制建设作出贡献。

1.1 建立全国碳市场的意义

1.1.1 是践行习近平生态文明思想的一个重要制度安排

习近平总书记在全国生态环境保护大会上讲话指出："环境治理是系统工程，需要综合运用行政、市场、法治、科技等多种手段。要充分运用市场化手段，推进生态环境保护市场化进程"。近年来，党和政府多次对建设碳排放权交易市场工作做出了部署。党的十八大报告提出了积极开展节能量、碳排放权、排污权、水权交易试点。《中共中央关于全面深化改革若干重大问题的决定》提出了推行节能量、碳排放权、排污权、水权交易制度。《中共中央国务院关于加快推进生态文明建设的意见》提出了建立节能量、碳排放权交易制度，深化交易试点，推动建立全国碳市场。《生态文明体制改革总体方案》明确提出了推行用能权和碳排放权交易制度，深化碳排放权交易试点，逐步建立全国碳市场，研究制定全国碳排放权交易总量设定与配额分配方案，完善碳交易注册登记系统，建立碳市场监管体系等。2015 年 9 月《中美元首气候变化联合声明》提出，中国计划于 2017 年启动全国碳排放交易体系，将覆盖钢铁、电力、化工、建材、造纸和有色金属等重点工业行业。2015 年 12 月，习近平主席在参加联合国气候变化巴黎会议开幕式的讲话中，提出把生态文明建设作为“十三五”规划重要内容，进一步提出建立全国碳市场。李克强总理在 2015 年 6 月主持召开国家应对气候变化及节能减排工作领导小组会议时，也提出了稳步推进全国碳排放权交易体系建设，逐步建立碳排放权交易制度。“十二五”和“十三五”国民经济和社会发展规划中对全国碳市场建设做出了部署安排。“十二五”规划纲要提出逐步建立碳排放交易市场。“十三五”规划纲要提出，建立健全用能权、用水权、碳排放权初始分配制度，推动建设全国统一的碳排放交易市场，实行重点单位碳排放报告、核查、核证和配额管理制度。

1.1.2 将在全球应对气候变化市场机制建设中发挥重要作用

2015 年 12 在法国巴黎召开的联合国气候变化大会上通过了《巴黎协定》，该协定为 2020 年后的全球应对气候变化行动做出了安排。《巴黎协定》的主要目标是，与工业化开始之前相比，将全球平均温度升幅控制在 2℃以内并争取将温度升幅控制在 1.5℃。但根据各国向联合国气候变化公约秘书处提交的国家自主贡献（NDC）测算，2030 年全球的碳排放预计会达到550亿吨，比实现2℃温升控制目标要求的碳排放总量多出了150亿吨。在这种情况下，要确保实现《巴黎协定》确立的全球温升控制目标，各国必须更新和提高各自的国家自主贡献。碳排放权交易市场的建设和运行，有助于降低实现减排的社会成本，从而鼓励各方提高减排行动力度。中国全国碳市场建成后，即便在开始的时候只覆盖发电行业，电力行业覆盖碳排放量也要超过40亿吨，毫无疑问将成为全球第一大碳市场。全国碳市场建设实践将为其他国家提供有益借鉴，有助于各国进一步发展利用碳市场机制。

1.1.3 是对中国应对气候变化政策体系的重要发展和完善

中国绿色低碳发展转型取得了很大成就，在2005年以来单位国内生产总值碳排放（简称“碳强度”）年均下降5%左右，明显超过发达经济体碳强度年均下降2%~3%的水平；中国已经成为最大的风能和太阳能技术设备制造国、投资国和利用国。中国绿色低碳发展转型成就的取得得益于实施了“胡萝卜加大棒”的节能减碳政策。最重要的“胡萝卜”政策是节能补贴和可再生能源电价补贴，最重要的“大棒”政策包括强制淘汰低能效的落后产能等行政手段和能效标准政策。同时也应注意到，一方面，以财政补贴为主的“胡萝卜”政策不是一项长期可持续的政策；另一方面，如果核查和惩罚措施不到位，以能效标准和行政手段为主的“大棒”政策的实施效果也会大打折扣。建立全国碳市场，是基于市场机制手段，以更低的社会成本，推进中国低碳发展转型。它一方面可以通过可核查和具有高违约成本的碳排放权管理将节能标准加以落实；另一方面，通过碳排放权交易可以对节能减碳做得好的企业给予有效激励，鼓励企业节能和利用低碳能源。建立全国碳市场既是政策机制的重要创新，也是对中国应对气候变化政策体系的重要发展和完善。

1.1.4 全国碳市场将带来显著的协同效益

建立涵盖多地区、多行业统一的全国碳市场，发挥市场机制的作用，将有效降低完成国家自主承诺减排目标的社会成本。根据清华大学研究团队的测算（清华大学，2018），通过建设全国碳市场，实现中国在《巴黎协定》下的碳排放承诺，2020 年中国所节约的经济成本为国内生产总值的 0.13%，2030 年达到国内生产总值的 0.58%。虽然碳排放与常规污染物排放含义不同，但在中国它们具有显著的同根、同源、同步特点，碳减排也能够显著降低重点地区的细颗粒物（$PM_{2.5}$）排放浓度。通过建立全国碳市场帮助地方完成各自的碳减排目标，2030 年北京、河北、天津、上海、江苏、广东六省市的 $PM_{2.5}$ 排放浓度可分别下降 15.5%、12.68%、10.56%、8.93%、10.11% 和 13.61%。钢铁、水泥、电解铝等行业既是高碳排放行业，也是产能过剩严重的行业。全国碳市场建成后，可以对这些行业采取相对严格的碳排放控制，通过碳价机制为这些行业的去产能和转型升级提供动态的经济激励。

1.2 碳市场设计与碳减排目标

在《巴黎协定》的框架下，已有近190个缔约方提交了自主贡献文件，涵盖全球总CO_2排放量的约99%。作为最大的发展中国家和负责任的大国，中国已经主动承诺承担国际应对气候变化相关责任，2015年在《强化应对气候变化行动——中国国家自主贡献》中明确提出了减排政策目标，即CO_2排放2030年左右达到峰值并争取尽早达峰，单位国内生产总值CO_2排放比2005年下降60%~65%，非化石能源占一次能源消费比重达到20%左右，森林蓄积量比2005年增加45亿立方米左右。

降低碳强度是中国“十二五”和“十三五”规划确定的约束性目标，也是最重要的应对气候变化目标。根据规划纲要要求，“十三五”期间中国的碳强度要下降18%左右。为实现上述目标，中国政府采取了行政管理和市场机制两种不同的政策工具。

在行政管理手段方面，主要是建立了控制碳排放目标责任制度。国务院发布了《“十三五”控制温室气体排放工作方案》，将国家碳强度下降 18% 的目标分解到了各省（自治区、直辖市），成为各省（自治区、直辖市）“十三五”要完成的约束性规划指标。设置约束性国家碳减排目标，并将这一国家目标分解到地方政府，是中国应对气候变化工作的一个重要制度安排，不仅为国内低碳发展转型提供导引，也是完成国际应对气候变化承诺的一个重要举措。

在运用市场机制手段方面，主要是开展了碳排放权交易市场的建设。2011 年起，在北京、上海等 7 个省市开展了碳排放交易试点。2012 年，有关部门发布了《温室气体自愿减排交易管理暂行办法》，为建立全国碳排放权交易市场探索经验。

进行碳市场总体方案设计，需要理清在完成国家和地方碳减排目标中碳市场和其他政策机制的关系、碳市场的贡献及碳市场贡献与碳市场核心要素之间的关系。图 1.1 显示了碳市场核心要素设计与落实国家、地方碳减排目标之间的关系。足够广的覆盖范围、严格的总量设定和配额分配是碳市场能够在完成国家和地方碳减排目标中发挥较大作用的必要条件。

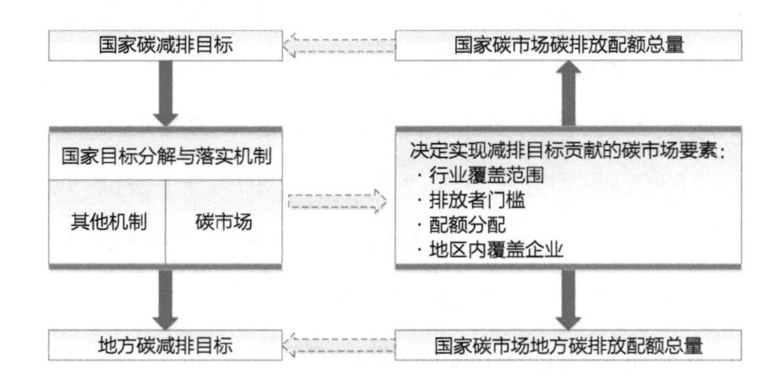

图 1.1　碳市场要素设计与碳减排目标

1.3 碳市场设计的指导原则

1.3.1 碳市场一般性理论与中国的实际相结合

碳市场机制设计理论发源于欧美西方国家，欧盟、加州等发达国家和地区已有多年的碳市场运行实践。毫无疑问，中国的碳市场总体设计应该积极吸收这些国家和地区碳市场设计和建设的经验和教训，但绝不能照搬这些国家或地区的碳市场总体设计方案。这是因为中国的国情和这些发达国家或地区有很大的不同。第一，中国所处的发展阶段和欧美等发达国家有很大的不同。在未来较长的一段时间内，中国仍然会处在经济中高速增长阶段，而欧美发达国家已经过了经济高速增长阶段，进入了经济低稳增长阶段。第二，作为一个发展中国家，中国碳减排的国际承诺与发达国家也有很大的不同。中国目前最主要的承诺是降低单位国内生产总值

（GDP）碳排放和争取尽早实现碳排放达峰，也就是所谓的“强度减排”，而发达国家承诺不断减少碳排放总量，也就是所谓的“绝对减排”。第三，中国碳排放分布特征和欧美发达国家和地区有很大的不同。中国碳排放的 70% 左右来自工业制造业部门，而在欧美发达国家和地区中，工业制造业部门贡献的碳排放只有 30% 左右。还有非常重要的一点，西方发达国家有非常发达和完善的电力市场，而中国的电力体制仍然处在市场化改革之中，大部分的电力价格由政府部门决定而不是由市场决定。完全照搬欧美碳市场总体设计，不仅不会出现期望的碳市场碳减排效果和效率，还会带来电力生产者和电力消费者之间碳减排责任分担的严重不公平。中国的这些独特的国情就决定着全国碳市场的覆盖范围选择、总量设定、配额分配等碳市场关键设计要与欧美国家和地区的碳市场有很大的不同。

1.3.2 碳市场设计与宏观经济改革政策相一致

中国经济发展进入新常态，呈现换挡减速、结构优化、动力转换三大特点。供给侧结构性改革提出了去产能、去库存、去杠杆、降成本、补短板五大重点任务，是增强中国经济长期稳定发展新动力的一个重大举措，根本目的是提高中国经济的全要素生产力。引入碳市场机制后，就对企业的碳排放施加了限制，而全国碳市场建设的根本目的是提高中国全社会的碳生产力水平，应该尽量减少给经济发展带来的不利影响。根据这一基本要求，中国初期的全国碳市场应该是一个基于强度的（rate-based）碳市场，而不是基于总量的（mass-based）碳市场。基于强度的碳市场只对企业的碳排放强度或碳生产力水平有要求，而不对企业的产量加以任何限制，其实际的政策效果相当于对高于国家碳生产力水平要求的企业给予补贴，而对低于国家碳生产力水平要求的企业征税。

中国产能过剩主要集中在煤炭、钢铁、水泥、平板玻璃、合成氨、电解铝这些高能耗及高碳排放部门。全国碳市场建设首先应该把这些高能耗、高碳排放行业纳入全国碳市场的覆盖范围，并应对这些行业提出高的碳生产力水平要求，为这些行业的去产能、去库存和转型升级提供有效的激励。因此，一个以高能耗、高碳排放行业为对象和基于强度的碳市场，不仅不会对中国经济产生不良影响，反而会有助于中国经济增长的动力转换和促进中国经济高质量健康发展。

1.3.3 统筹好近期与长远、效率与公平之间的关系

全国碳市场建设的长期性和复杂性，决定着全国碳市场建设不可能一蹴而就，而是一个分阶段的和不断发展完善的长期工程，这就要求统筹好碳市场建设近期和长远的关系。从欧美等发达国家和地区的碳市场发展历程看，也都呈现分阶段建设的特征。例如，欧盟碳市场建设，从第一个阶段（2005—2007 年）和第二个阶段（2008—2012 年），进入到当前的第三个阶段（2013—2020 年）。中国全国碳市场建设至少也应有三个阶段：准备阶段、初期建设阶段和发展完善阶段。准备阶段的主要任务包括完成碳市场的总体设计方案，建立起支撑起碳市场运行的排放数据监测、报告与核查（MRV）制度，完成企业注册登记系统和配额交易系统的方案设计，出台碳市场运行的规则和政策法规；初期建设阶段的主要任务包括完成企业注册登记系统和配额交易系统的建设，选择一个或若干个条件成熟的重点行业进行配额的分配、交易和遵约；发展

完善阶段的主要任务是逐步扩大碳市场的覆盖行业，改进和完善碳市场的三大核心制度——核心制制度、配额总量设定和分配制度、配额交易制度，不断提高碳市场运行的效果和效率。

全国碳市场建设，除了要尽可能提高碳市场运行的效率，也要统筹好效率与公平的关系。全国碳市场的公平性问题主要表现为行业之间的公平和地区之间的公平。行业之间的公平性又有碳市场覆盖之内与之外行业间的公平和碳市场覆盖行业之间的公平。尽量扩大碳市场的行业覆盖，不仅可提高碳市场的公平性，也有助于提高碳市场的效率。另外，也应考虑碳市场覆盖行业之间的公平性问题。政府对一个行业配额分配实质上就是明确该行业的碳减排义务，特别是在电力市场无法向用电部门传导碳减排成本的情况下，应该尤其注意发电部门和用电部门碳减排责任分担的公平性。地方公平性是碳市场应该尽量避免发达地区和欠发达地区之间收入分配的恶化。为了不牺牲碳市场效率和一致性，应该考虑通过配额拍卖收益的转移支付或抵销机制给予欠发达地区特殊的资金支持。

1.3.4 统筹好全国碳市场与地方碳市场试点和全球碳市场发展的关系

2011 年，国务院应对气候变化主管部门组织北京、天津、上海、重庆、湖北、广东、深圳 7 个省（市）开展碳排放权交易试点工作。各试点均出台了地方性法规或规章，制定了管理办法和技术规范，并建立了各自的注册登记系统和交易系统，从 2013 年起陆续启动了交易。在实施全国统一的碳市场之前，选择在部分代表性地方开展实践探索，是中国建设全国统一碳市场的一大特色，在碳市场建设理论和实践的发展中发挥了关键的作用。从 7 个地方碳市场试点建设的实践看，在覆盖行业、配额分配、企业遵约、政策法规等要求方面均存在一定差异。这些差异在为全国统一碳市场设计和建设提供多样化经验做法的同时，也为地方试点碳市场融入全国碳市场带来挑战。一是试点碳市场与全国碳市场在行业范围和企业纳入门槛的差别，造成试点碳市场与全国碳市场重点排放单位不完全一致，较难实现试点碳市场与全国碳市场无缝对接。二是部分试点碳市场重点排放单位在纳入全国碳市场时，可能出现多余的配额，试点碳市场需要一定的时间进行消化和处理。因此，在推进全国碳市场完整性和统一性的过程中，应允许试点碳市场与全国统一的碳市场并行一段时间，逐步实现全国统一的碳市场建设。

全国碳市场启动运行后，将超过欧盟碳市场成为全球最大碳市场，在全球碳市场发展中起着重要的作用，因此全国碳市场建设一定要有全球视野。中国同世界上许多发展中国家在建设碳市场的环境和条件方面有较大相似性，在碳市场建设和发展过程中，可以为其他发展中的碳市场建设提供借鉴。另外，在全国碳市场建设和发展过程中，也应积极同已经建成或计划建立碳市场的国家和地区开展交流合作，研究和探讨不同国家和地区碳市场连接的可行性及碳市场连接的方式、标准、政策和法律法规。

1.3.5 统筹好全国碳市场建设与电力市场化改革之间的关系

碳市场碳减排的效果和效率依靠碳市场本身和物品市场两个市场的共同作用才能得以有效发挥。因为碳排放主要来自煤炭、石油、天然气、电力和热力的生产和消费，能源产品的市场化程度对碳市场的效果和效率影响非常大。中国约50%的煤炭用于发电，电力是中国最大的碳排放部门，电力的生产和使用是中国碳减排的关键和重中之重。与电力行业相关的碳减排的途径有3个：一是提高发电效率，降低单位发电量的碳排放；二是调整发电结构，提高可再生能源和高效低碳发电机组的供电比例；三是节约用电，抑制电力需求增长。当前中国终端用能部门的节电潜力依然很大。

欧盟具有发达和完备的电力市场，在碳市场设计时采用拍卖的方式分配电力配额，将碳价通过电力市场传导到电力用户，为节电提供有效的激励，实现全社会节电减碳的目的。但目前中国电力市场化改革仍在进行中，电价和电力调度方式都还没有实现市场化，不能像欧盟那样给发电部门设定一个固定的碳排放总量和采用拍卖的方式分配电力配额，依靠电力市场实现节电减排。只有当中国电力市场化改革基本完成后，才能考虑给发电部门设定一个固定的碳排放总量和引入以拍卖为主的配额分配方式。另外，中国70%左右的电力用在了工业部门，在确定碳市场管控对象时，也就不能像欧盟那样只考虑煤炭、石油和天然气燃烧产生的现场直接碳排放，也应同时考虑工业企业使用电力造成的“间接碳排放”。

1.4 全国碳市场设计的关键问题

为保证体系的顺利运行，全国碳市场的设计应充分考虑多个不同方面的关键因素，其中有些因素甚至是相互冲突的，例如不同区域之间的巨大差异与规则的全国统一性，体系的减排效果与对经济和相关行业发展的可能负面影响，体系设计的有效性与不断变化的政策环境，不同的行业主管部门及不同层级主管部门之间的责任和义务的划分等（DUAN, 2017b）。在全国碳市场的设计中，需要分析这些问题带来的约束和挑战，并在保证市场高效率、有效性和规则统一的基础上，在法律基础、覆盖范围、总量设定、配额分配、MRV 体系、履约体系及不同监管部门的职责划分等方面，提出针对性的解决方案。在遵循碳市场设计的普遍规则和保证整个市场规则统一的前提下，全国碳市场的设计也体现了鲜明的中国特色和必要的灵活性，保证在多种有碳减排效果的政策并存的情况下全国碳市场可以有效发挥作用，并避免由于外部政策环境可能的变化而频繁对设计进行变更。

1.4.1 区域差异

中国确定了“十三五”期间（2016—2020 年）国内生产总值 CO_2 排放强度下降 18%的约束性目标，并将该目标分解到 31 个省、自治区和直辖市。但这些地区的人口数量、资源禀赋、经济发展水平、经济结构、能源消费总量、能源结构、产业结构等方面存在较大不同，碳排放水平也因此存在较大差异。总体来看，东部地区最发达，而中部地区则比西部更为发达。表 1.1 以东中西部的部分省级地区为例说明不同地区之间的巨大差异。

表 1.1 部分省级地区的差异

省份	GDP（亿元）	年末常住人口（万人）	人均地区生产总值（元/人）	能源消费量（万吨标煤）	GDP 能源强度（tce/百万元）	产业结构（第一产业：第二产业：第三产业）	GDP 碳排放强度下降目标（2016—2020 年）（%）	区域
北京	28015	2171	128994	7133	25.5	0.4 : 9.0 : 80.6	20.5	东部
江苏	85870	8029	107150	31430	36.6	4.7 : 45.0 : 50.3	20.5	东部
广东	89705	11169	80932	32342	36.1	4.0 : 42.4 : 53.6	20.5	东部
吉林	14945	2717	54838	8015	53.6	7.3 : 46.8 : 45.8	18	中部
河南	44553	9559	46674	22944	51.5	9.3 : 47.4 : 43.3	19.5	中部
陕西	21899	3835	57266	12537	57.2	8.0 : 49.7 : 42.4	18	西部
新疆	10882	2445	44941	17392	159.8	14.3 : 39. 8 : 45.9	12	西部
宁夏	3444	682	50765	6489	188.4	7.3 : 45.9 : 46.8	17	西部
云南	16376	4801	34221	11091	67.7	14.3 : 37.9 : 47.8	18	西部

资料来源：国家统计局，2019 年。

在设计全国碳市场时，是否考虑区域特点和区域差异一直是争议最大的问题之一。西部地区认为其经济欠发达，需要在全国碳市场设计中给予其特殊的优惠待遇，其他的一些地区从建立公平的市场机制环境的角度出发，认为全国碳市场下规则应该统一、不应该因地区而异。

虽然存在地区差异，但如同其他要素市场一样，要保证全国碳市场的高效率，最充分利用其降低全社会减排成本的作用，应该建立统一规则的全国体系，避免人为造成市场规则的割裂。而要实现规则的统一，必须保证全国碳市场的最基本规则由国家统一来制定，而不应由省级主管部门制定本地区的规则，因为各个地区很可能非常慷慨地给本地区的企业分配免费配额以提高其竞争力，从而导致整个市场面临“竞底效应”的风险。

在全国碳市场的设计过程中，这一思想已经充分体现在已发布的《碳排放权交易管理暂行办法》和《碳排放权交易管理条例（建议稿）》中。

但是，在全国碳市场设计中坚持规则统一并不意味着彻底不能考虑区域差异。实际上，在统一规则的前提下也可以通过适当的技术手段来一定程度照顾区域差异。例如，在免费配额分配方法的确定中，可以针对某些地区应用更为广泛的特定技术（如空冷燃煤发电技术）设立特殊规定。虽然这种规定是针对特定技术而不是特定区域的，但客观上仍然照顾了特定地区的利益。

1.4.2 对经济发展的可能负面影响

中国已经进入了以“新常态”为特征的新发展阶段，生态文明在这一阶段的发展中扮演着非常重要的作用。积极应对气候变化、有效控制温室气体排放是中国生态文明建设的重要内容，而建立全国碳市场是实现这一目标的主要政策手段之一（DUAN，2017a）。但在具体实际中，一些地方的发展理念仍然没有跟上中央政府的步伐，没有充分理解生态文明建设，包括控制温室气体对于实现高质量发展的重要意义，其最关心的问题仍然是传统意义上的经济发展。部分经济和社会发展较为落后的地区，担心全国碳市场的实施会对本地区的经济发展产生负面的影响，因此对建设全国碳市场持有消极观望的态度。

需要明确的是，中国控制温室气体排放的约束性指标，是基于国内自身高质量发展需要和实际作出的决定，因而现在需要决策的不是是否需要制定温室气体排放控制目标，而是以什么样的手段、付出多大的代价来实现既定的目标。因此，不能通过简单对比实施全国碳市场的影响和完全不进行温室气体排放控制的情形来描述全国碳市场的影响。

在过去较长的一段时间，中国主要实施命令和控制型的政策，如万家企业节能低碳行动，对控制温室气体排放起到了一定的作用。但此类政策一方面因各个企业之间存在的巨大边际减排成本差异而导致全社会成本较高，另一方面由于企业数据质量保证手段的缺失导致难以保证实际效果。与过去中国政府长期依赖的此类政策相比，全国碳市场作为控制温室气体排放的市场手段，其一个非常重要的优势就在于给予了企业进行减排决策的自主权，同时建立了企业排放数据的报告核查工作体系，在确保减排效果的同时，可以降低全社会的成本，减轻对行业企业经济发展的影响。

全国碳市场的设计中，充分考虑各个方面的主要利益相关者关于这个问题的态度，尤其是相关的疑虑，包括相关的政府主管部门、要被纳入全国碳市场的行业和企业、相关的研究机构、公众等，并体现在相关的体系设计中，以期尽可能避免全国碳市场对经济和行业发展的不必要的负面影响，对全国碳市场的顺利运行至关重要。例如，在全国碳市场运行的初期，使用基于企业实际产量的行业基准法为纳入的企业分配免费配额，这种方法不限制企业提供的服务量，只要企业的碳排放强度低于行业基准值，则其参与全国碳市场不仅不会受到负面影响，还会获取一定的收益。这一设计也是与中国正在实施的高质量发展及去除落后产能的政策是完全一致的。

1.4.3 相关主管部门的职责分工

在全国碳市场设计中，另外一个所有相关政府主管部门高度关注的问题是各个部门在全国市场中的角色及它们之间的职责分工，这既包括国务院应对气候变化主管部门与地方应对气候变化主管部门之间的分工，也包括国务院 / 地方应对气候变化主管部门与同级的其他政府主管部门之间的职责划分。简单而言，与全国碳市场有关的责任可以分为与全国碳市场的规则制定有关的职责及与全国碳市场的运行监管有关的职责。

为了确保全国碳市场规则的统一，从而确保参与全国碳市场的企业之间的公平竞争，同时对地方应对气候变化主管部门参与全国碳市场管理给予适当的激励，全国碳市场在设计中遵循的主要原则之一是：所有可能会严重影响全国市场规则统一的职责，例如配额分配方法和遵约规则的制定等，都由国务院应对气候变化主管部门履行，而不影响全国市场规则统一的运行职责，例如依据确定的分配方法为企业具体分配配额和督促企业履行配额提交义务等，则主要交由地方应对气候变化主管部门承担。简而言之，国务院应对气候变化主管部门主要负责制定规则，而地方应对气候变化主管部门主要负责实施规则。除了应对气候变化主管部门，全国碳市场的运行还涉及能源、证券监管、税收、工业行业主管部门等，需要它们的大力协助和配合，在全国碳市场的设计中，已对这些部门的职责进行了比较明确的规定，将就关键的设计咨询其意见，并希望建立相关的协调机制，协商解决全国碳市场运行中的相关关键问题。

1.4.4 不断变化的宏观环境

中国目前正在全面深化改革的进程中，在各个领域均正在实施相关的改革措施，尤其是确保让市场在各种资源的配置中起决定性作用和更好发挥政府作用的政策措施，包括多个与全国碳市场有直接相互影响的政策，如用能权交易政策和电力部门的改革（段茂盛，2018）。这些政策与全国碳市场并行实施，而且是由不同部门在主导，政策的设计需要有效的协调。需要注意的是，这些政策均体现在了相关的关于全面深化改革 / 深化生态文明建设的顶层设计文件中，不可能轻易被相互替代。因此，全国碳市场的设计需要适应这个大的政策环境，而且这个政策环境还将随着时间的推移不断变化（DUAN，2018）。

在全国碳市场关键要素设计中，需要考虑与这些政策之间的相互影响，从而避免全国碳市场政策成为冗余政策或者与这些政策的目标不一致，相互制约或者冲突。例如，全国碳市场在相关的顶层设计文件中，只规定了一些大的原则，比如配额分配方法的选择等，而没有如欧盟碳市场那样在立法中规定绝对的体系配额总量和具体的配额分配的行业基准值等。这样的规定给主管部门留有一定的灵活余地，避免了由于其他政策的可能变化而导致必须对全国碳市场的设计进行大的调整，从而必须对相关的法律基础进行修订。

1.4.5 未来国际连接的需求

全国碳市场与其他碳市场连接可以进一步增加全国碳市场的体量，增加市场流动性，提高碳价稳定性，并提高中国在全球碳市场规则制定等方面的发言权。国外多个碳市场的主管部门等也曾多次表达与中国全国碳市场连接的意愿。在全国碳市场设计中，应该积极考虑和国外的碳市场在未来进行连接的需求，同时也可以考虑将全国碳市场的抵销需求与“一带一路”倡议相结合，进一步增加全国碳市场的国际影响力，并为促进对外投资的低碳化提供积极的推动作用。

碳市场之间的连接需要不同体系之间多个关键要素的协调，需要对可能的影响进行深入的分析，更需要相应的立法支持（庞韬，2014）。在全国碳市场建设和运行初期，各项制度和要素设计均有待完善，此时开展连接可能会影响全国碳市场运行的稳定性，导致不确定性增加，因此不建议在此阶段建立与其他市场的连接。但在全国碳市场的设计中，一方面要充分考虑中国的特殊国情，解决全国碳市场建设和运行中面临的特殊问题，另一方面也必须坚持碳市场设计和运行的基本原理和普遍规则，尽量借鉴国外主要碳市场的设计，为未来可能与其他市场连接奠定基础。从连接的实践角度来说，中国可以先允许发展已经相对成熟的试点碳市场与国外的碳市场进行连接的试点和实验，识别连接中的关键问题，积累连接过程和运行中的经验教训，为全国碳市场与其他碳市场的未来可能连接奠定良好的基础。

全国碳市场与其他国家或区域的碳市场之间的连接，可以是没有限制的全面连接，也可以为了规避特定风险，选择受限制的连接或部分连接。中短期内，完全连接对于中国来说，各方面的风险都比较大，社会可接受性较差。选择有限连接，中国可以为配额/减排指标的流向及出口或进口数量等设置相应的限制，从而降低碳市场连接可能带来的不利影响。有限连接也会降低不同体系之间协调的难度，可以在一定程度上保证主管部门对本国碳市场的有效管理和控制，因此可以是完全连接之前的一个有益的过渡。中国也可以选择从单向连接[1]开始，与其他的体系建立合作，并逐步发展至双向连接，从而为体系之间的连接提供一个稳定的过渡期。

[1] 单向连接是指碳市场 A 中的企业可以购买碳市场 B 中的配额用于遵约，反之则不行。

Overall scheme and key mechanisms of China's national carbon market

2 覆盖范围与配额总量设定

覆盖范围是碳市场建设过程中的一个关键问题，与碳市场的总量设定、配额分配等其他要素密切相关。碳市场覆盖范围的确定主要包括三个方面的内容：1）覆盖的温室气体种类和排放源类别；2）覆盖的行业和排放门槛；3）覆盖的排放源边界。

配额总量设定就是确定碳市场的排放上限目标，也是配额的供应总量，是碳市场设计的基础性和核心工作。合理的总量是合理碳价形成的基础，总量设定越紧，配额价格就会越高，反之亦然。也就是说只有确定了合理的体系排放上限，才能保证配额的稀缺性，使碳市场具有实际的激励作用。总量设定是一个具有挑战性的研究工作，需要综合考虑覆盖范围、期望的碳市场对减排的贡献、未来行业和经济发展预期、企业承受力和对竞争力的可能影响等多方面因素，需要确保减碳效果明显、技术上可行、经济上负担得起、政治上可以接受。

2.1 覆盖范围

2.1.1 确定覆盖范围的考虑要素

确定碳市场的覆盖范围应主要考虑以下两个方面的因素：

（1）纳入行业和企业

- 相关行业和企业的排放特征，包括涉及的温室气体种类、排放机理和排放量；
- 相关企业的数据基础，包括关键数据是否可获得及数据的准确性；
- 相关行业的减排潜力；
- 对相关行业竞争力的影响；
- 碳泄露和转移排放；
- 相关行业和企业减排成本的差异性。

（2）主管部门

- 不同政策之间的协调，主要涉及节能、低碳发展及环保等政策措施；
- 对相关行业和企业进行监管的成本和收益；
- 避免碳泄漏，也就是碳排放从碳市场覆盖范围之内向体系之外转移。

2.1.2 覆盖的温室气体种类和排放源类别

（1）中国温室气体排放现状

中国向联合国提交的《中华人民共和国气候变化第二次两年更新报告》（中华人民共和国生态环境部，2018）中包含了2014年的温室气体排放清单，是中国政府发布的到目前为止最新的全国温室气体排放数据。

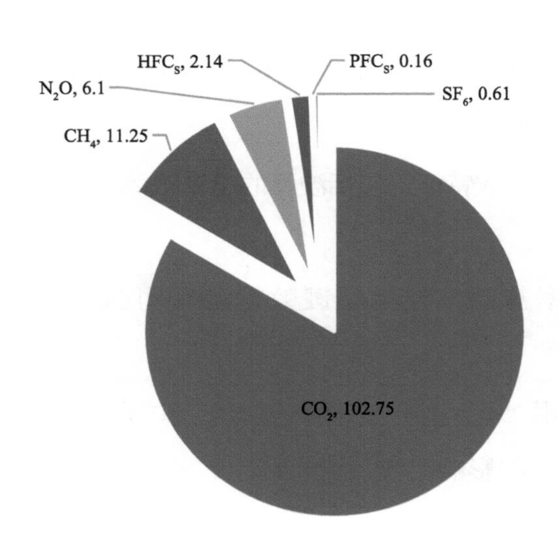

图 2.1 2014 年中国温室气体排放量及其构成（亿吨 CO_2 当量）

2014年，中国 CO_2、CH_4、N_2O、HFC_s、PFC_s 和 SF_6 等六种温室气体的排放总量（不含土地利用变化和林业）为123.01亿吨 CO_2 当量，其中 CO_2 在全国排放总量中占比为83.5%。分温室气体种类的排放情况如图2.1所示。

2014年中国温室气体排放清单主要包括五大类排放源类别，分别为能源活动、工业生产过程、农业活动、废弃物处理、土地利用变化和林业。其中，土地利用变化和林业领域为净吸收汇，排放量为 -11.15 亿吨 CO_2 当量。如不考虑土地利用变化和林业，全国分排放源类别的温室气体排放情况如图 3.2 所示。其中，最主要的温室气体排放源类别是能源活动，主要来自化石燃料燃烧，占全国温室气体排放总量的 77.7%，如图 2.2 所示。

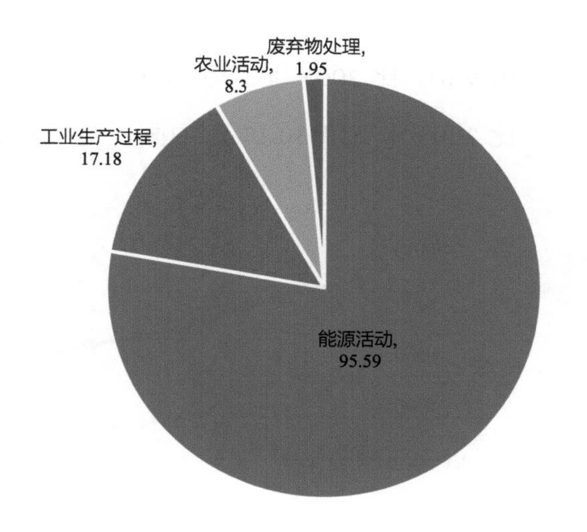

图 2.2　2014 年分排放源类别的全国温室气体排放情况（亿吨 CO_2 当量）

专栏 1

中国电力行业碳排放现状与发展趋势

截至 2018 年底，中国全口径发电装机容量 19.0 亿 kW，全口径发电量 6.99 万亿 kW·h（CEC, 2019）。2005 年以来，随着发电结构及火电结构的优化，电力行业碳排放强度持续下降。以 2005 年为基准年，2006—2018 年，通过发展非化石能源、降低供电煤耗和线损率等措施，电力行业累计减少 CO_2 排放约 137 亿吨，有效减缓了电力 CO_2 排放总量的增长。其中，供电煤耗降低对电力行业 CO_2 减排的贡献率为 44%，非化石能源发展的贡献率为 54%。经中电联初步统计分析，2018 年，中国单位火电发电量的 CO_2 排放约 841g/

(kW·h)，比 2005 年下降 19.4%；单位发电量 CO_2 排放约 592g/(kW·h)，比 2005 年下降 30.1%。中国发电的 CO_2 排放强度变化见图 2.3。

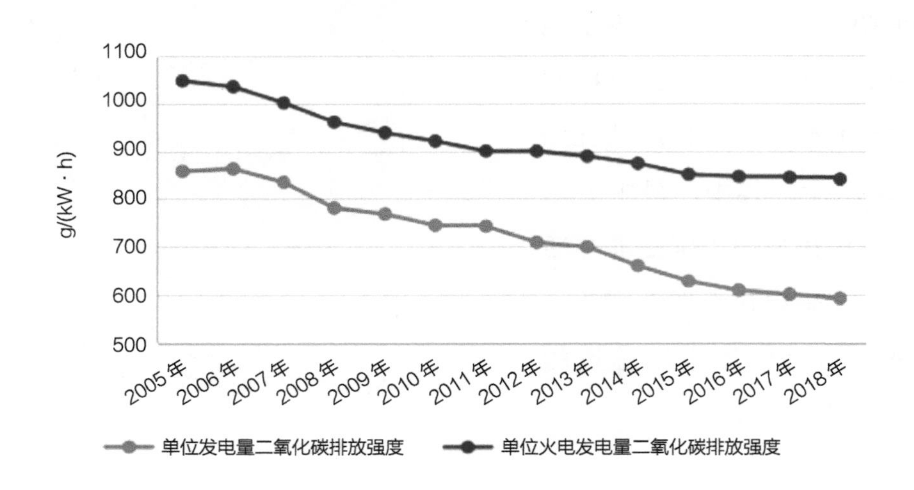

图 2.3 中国发电 CO_2 排放强度变化

未来，电能占终端能源消费比重将持续提高，预计到 2035 年比重将接近 40%，2050 年超过 50%，成为能源消费的绝对主体（Wang, 2019）。

由于中国天然气的资源禀赋及受价格和碳排放等因素制约，中国提高天然气在终端能源消费中的比重受到一定制约。因此，要提高中国终端能源消费的清洁化，需要同步提高可再生能源发电比重及电能在终端能源消费中的比重。

中国电力在较长时期内仍将保持较快发展。2017 年，中国人均电力装机 1.28kW，与发达国家完成工业化时人均装机基本相当，但与美、日、欧等发达国家人均 2kW 及以上水平存在较大差距；人均用电量 4589kW·h，与发达国家实现工业化时的用电水平相当；人均生活用电量 628kW·h，是发达国家实现工业化时的 70% 左右。

（2）政策建议

根据中国温室气体排放的特点，建议在全国碳市场运行的初始仅纳入 CO_2。建议纳入的排放类别包括：

1）化石燃料燃烧导致的 CO_2 排放，其占全国温室气体排放总量的78%，占全国 CO_2 排放总量的 88%；

2）过程排放，其占全国温室气体排放总量的 10% 以上，占水泥熟料生产 CO_2 排放的 60% 左右；

3）消费外购电、热所对应的间接排放。

专栏 2

电力企业的碳成本

当前中国正处于新旧两种电价机制并存，并逐步向市场化电价机制转化的阶段。计划性电价机制下，发电侧采用计划性电价模式，即上网标杆电价。未来随着碳市场的逐渐发展和成熟，发电企业受到的成本压力将逐步加大，但在计划性电价机制下，增加的成本却很难向下游有效传递。市场化电价机制下，中国逐步放开发电计划，通过市场化的电力批发侧交易实现价格发现和供需平衡，发电企业可以通过市场化价格机制将部分成本传导至电力消费端。

在平均利用小时连续下降、电煤价格居高不下、电改全面推进等多种因素的影响下，发电企业利润率较低，碳成本增加将进一步增加其经营压力。电力生产环节碳减排成本的传递效果受碳市场设计、电力市场结构（市场竞争性、电力供给曲线、需求曲线等）等因素影响。

2.1.3 覆盖行业和排放门槛

（1）相关行业的减排潜力分析

为研究全国碳市场不同行业覆盖范围的影响，利用中国 - 全球能源模型（China in global energy model，C-GEM）这一全球多区域递归动态可计算一般均衡模型，分析了中国未来 CO_2 排放的两个情景：基准情景（BAU）和全国碳市场政策情景（ETS）。BAU 指的是在不新出台其他节能减排政策，也即中国延续现有政策的情景。ETS 是在 BAU 的基础上引入全国碳市场，使得中国未来 GDP 碳强度年均下降率持续保持在 4% 的水平。

根据模型研究结果，电力、钢铁、化工、非金属矿物制品、石油加工、有色金属、造纸、民航等行业在全国碳排放量中占有较高的比重。图 2.4 显示了 BAU 与 ETS 两个情景下的纳入行业排放量及所占比重预测结果。随着中国工业化的逐步完成，2020 年，这些以高耗能工业为主的重点行业在全国 CO_2 排放中的比重下降至 68% 左右，2030 年进一步降至 62% 左右。以轻工业和服务业为代表的其他行业合计占全国 CO_2 排放总量的比重在 2030 年后会有明显上升。

因此，建议全国碳市场覆盖的行业范围采用动态扩大的方式，初期聚焦于排放规模较大的重点耗能行业，之后根据数据基础和其他技术要素，逐步纳入其他行业。上述 8 个行业覆盖了中国 70% 左右的 CO_2 排放，全国碳市场在初期仅纳入这些行业就可以覆盖中国的大部分排放。由于这一比例预计会随着时间的推移而减少，而其他行业占全国排放量的比例将逐渐上升，因此可以逐步增加新行业，以使全国碳市场覆盖的排放

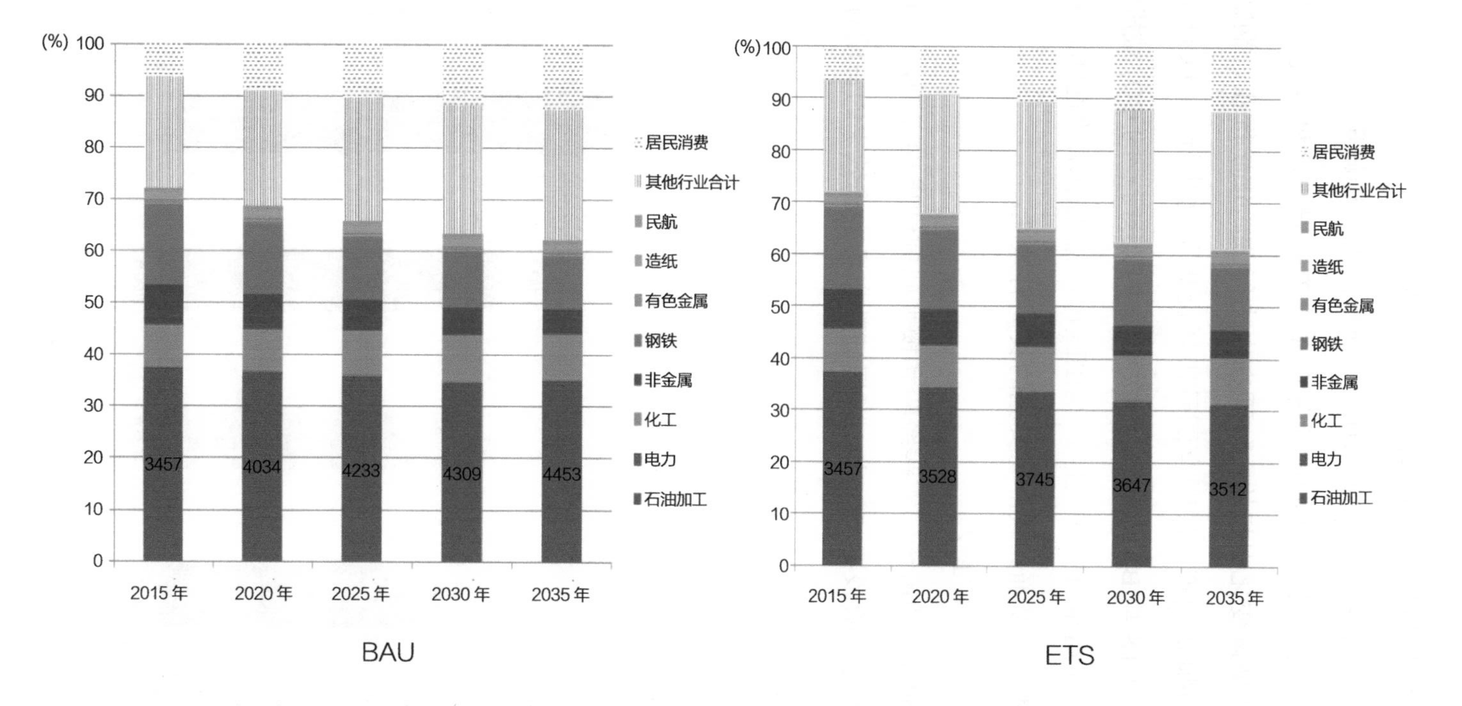

图 2.4 BAU 与 ETS 下相关行业占全国总排放量的比例

量在全国排放量中的份额保持在较高水平。

尽管两种情景下的全国碳市场覆盖的总排放量在全国排放量中的占比相似，但关键行业的排放却存在显著差异。这种变化主要是由关键行业的减排量变化引起的，体现在电力行业、化学行业、钢铁行业和非金属矿物制品业等，说明全国碳市场促进了这些行业的 CO_2 减排。图 2.5 显示了 ETS 与 BAU 相比，相关年份中国分行业的 CO_2 减排潜力。

上述结果进一步说明，全国碳市场覆盖范围的选择应该是一个动态扩展过程，以确保碳市场实施的长期有效性。

（2）政策建议

国内外碳市场的实践经验和模型研究结果均表明，全国碳市场的覆盖行业应分阶段逐步扩大，以保证碳市场实施效果的长期有效性。同时，

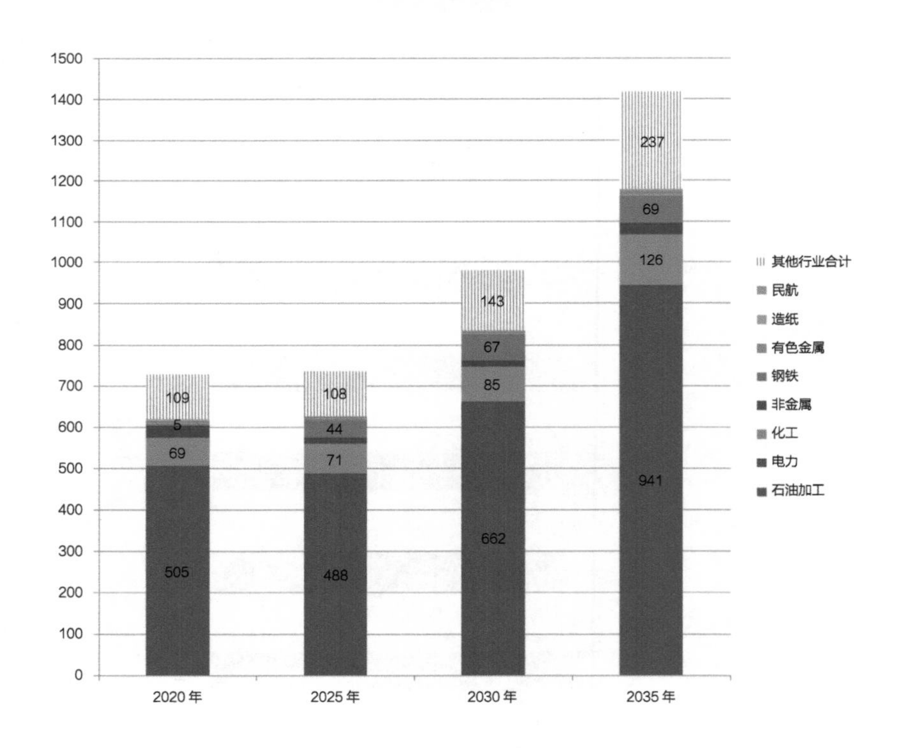

图 2.5 ETS 情景下的减排潜力预测

纳入企业的排放门槛应考虑目前的能源消费和碳排放统计数据现状。

2030年之前，应该主要覆盖电力生产和供应业（发电和电网）、石油化工（炼油、乙烯生产）、化学原料和化学制品制造业（合成氨、甲醇、电石生产）、非金属矿物制品业（水泥生产、平板玻璃生产）、黑色金属冶炼和压延加工业（炼钢）、有色金属冶炼和压延加工业（铝冶炼、铜冶炼）、造纸和纸制品业（纸浆制造、机制纸和纸板制造）、民航业（航空运输企业、机场企业）中年综合能耗达到1万吨标准煤（约折合2.6万吨CO_2当量）的单位。也可以考虑覆盖相关省、自治区、直辖市规定的重点排放单位。此规则与《中华人民共和国节约能源法》所规定的重点用能单位定义保持一致，有较好的能源统计数据基础和经验。

2030年之后，经过充分的排放报告数据积累，全国碳市场可适时扩大覆盖范围，将温室气体排放达到5000吨标准煤（约1.3万吨CO_2当量）的企事业单位部分或全部纳入。

2.1.4 排放源边界

不同行业的排放源边界确定应与未来采取的配额分配方法挂钩。

对于采用行业基准法分配配额的子行业，应以纳入的企业主产品生产系统（工序、分厂、装置）为排放源边界，以便能耗可以单独计量，计量准确性高、易于核查，同时产品和工艺具有同质性，易于进行行业内的横向比较。

对于采用企业历史碳排放强度下降法分配配额的子行业，建议以企业法人或独立核算单位为边界，但应保持历史年度和遵约年度排放源边界的一致性，以免影响配额分配结果的公平性。

2.2 总量设定方法

2.2.1 灵活总量的合理性

“自上而下”确定碳市场总量的难度较大，而且一般需要与微观层面的配额分配进行协调。中国的多数试点碳市场设定了灵活的排放总量，这是基于现实条件做出的可行选择，但也需要从效率角度对其合理性进行评估。

中国试点碳市场采用的灵活总量一般与区域经济增长目标、区域碳排放强度下降目标及企业或者行业碳排放强度直接挂钩，因此可将其视作强度总量目标。关于强度总量目标和绝对总量目标的争论，主要集中在二者对减排量和减排成本不确定性的影响方面。此处以中国试点碳市场为例分析采用灵活总量能否减少减排量和配额价格的不确定性（Pang，2016）。

一般来说，GDP 的年增长率和碳排放量是政府制定相关目标的重要依据。基于上年度数据预测 GDP 和碳排放量。假设基准情景（BAU）下，第 i 年的 GDP 和碳排放量的年度预测增长率与第（i-1）年的实际增长率相同，分别等于 τ_i 和 ε_i。那么，完成排放的绝对量控制目标（A^A）和强度目标（A^I）所需的减排量分别为：

$$A^A=Q_i^{BAU}-Q=Q_{i-1}(1+\varepsilon_i)-Q \tag{3-1}$$

$$A^I=Q_i^{BAU}-\gamma Y_i^{BAU}=Q_{i-1}(1+\varepsilon_i)-\gamma Y_{i-1}(1+\tau_i) \tag{3-2}$$

其中，Q^{BAU} 为 BAU 情景下的碳排放，Q 为碳排放的绝对目标，γ 为 GDP 的碳排放强度目标，Q 为碳排放量，Y 为 GDP。

相应计算绝对目标和强度目标所需减排量的方差。若在强度目标下减排量的不确定性更小，即强度目标相应方差小于绝对目标相应方差，同时，年度碳排放强度下降目标越大，GDP 和碳排放增速的相关性越强。GDP 增速的不确定性越大，则和绝对量目标相比，强度目标下减排量和减排成本的不确定性越小。

由于缺少试点省市的碳排放数据，根据 2006—2012 年的 GDP 和能耗 [1] 增速数据对 7 个试点分析比较了绝对目标和强度目标的适用性。计算结果显示，采用强度目标的减排量和成本的不确定性都小于采用绝对目标时的不确定性。也就是说，从不确定性角度看，中国试点碳市场采用灵活总量具有一定的合理性，更适合试点的现实情况。需要注意的是，以上结论是针对整个经济体分析得出的，而碳市场并未覆盖全部经济体，在数据可得的情况下可以做更详细的分析。

[1] 由于缺乏相应年份的碳排放数据，纳入碳市场的排放主要是能源相关排放，故采用能耗数据分析。

2.2.2 自上而下的总量设定

全国碳市场设计的一个首要任务就是要回答其在完成国家碳减排目标中究竟能起多大的作用，也就是要明确碳市场配额总量设定与完成碳强度下降目标之间的数量关系（张希良，2017）。

规划期末碳市场的配额总量可以用下面的公式表示：

$$Q_{ETS}=Q^{0}_{ETS}\times(1+\alpha_{ETS})\times(1-\frac{\delta\beta_{Y}}{\varepsilon}) \tag{3-3}$$

$$\varepsilon=Q^{0}_{Y}/Q^{0}_{ETS} \tag{3-4}$$

其中：

Q_{ETS} —— 规划期末碳市场的配额总量；

Q^{0}_{ETS} —— 规划期初的碳市场所覆盖行业的碳排放总量；

α_{ETS} —— 规划期碳市场所覆盖行业综合平均经济增长率；

δ —— 碳市场对实现碳减排目标的贡献率；

β_{Y} —— 规划期要求的整个经济体的碳强度下降率；

Q^{0}_{Y} —— 规划期初的整个经济体的碳排放总量。

式（3-4）是一个自上而下的碳市场配额总量设定方程式。可以把其中的ε理解成代表碳市场覆盖范围的一个特征参数。由式（3-4）不难看出，碳市场的配额总量和碳市场覆盖范围、碳减排目标要求和希望碳市场发挥的作用相关，也和碳市场所覆盖行业未来的经济增长率有关。

2.2.3 自下而上的总量设定

配额分配方法可分成有偿分配法和免费分配法。拍卖是配额有偿分配采用的主要方法。利用拍卖的方法分配配额，配额分配和总量设定的关系十分简单，只要在市场上将设定的配额总量拍出就行。但全国碳市场的配额分配以免费为主、拍卖为辅，主要采用基于行业碳排放强度基准值的方法进行免费配额分配。

基于行业碳排放强度基准值的配额分配方法，简称“基准法”，可以表示为：

$$Q_{ETS}=\Sigma_i^N B_i \times L_i \qquad (3\text{-}5)$$

其中：

Q_{ETS}—— 免费分配的配额总量；

N —— 碳市场所覆盖行业总数；

B_i —— 行业的行业基准值；

L_i —— 行业的实际活动水平。

式（3-5）所表述的碳市场配额总量是由行业基准值和行业活动水平决定的，而行业基准值的确定往往是根据行业内企业的碳排放强度分布情况确定的，考虑了经济和技术上的可行性，是一种自下而上的配额总量设定方法（张希良，2017）。

2.2.4 两种总量设定方法的协调

碳市场总量设定要求自上而下设定的配额量与自下而上设定的配额量相一致，因此有：

$$Q^0_{ETS}\times(1+\alpha_{ETS})\times(1-\delta\times\beta_Y/\varepsilon)=\Sigma_i^{NB} B_i \times L_i \qquad (3\text{-}6)$$

式（3-6）建立了碳市场总体设计的一个理论分析框架，它表述了碳市场总体设计中的关键政策目标指标（碳强度下降率和碳市场贡献率）、关键碳市场特征指标（碳市场覆盖范围和行业碳排放基准值）和关键经济指标（碳市场覆盖行业的总体经济增长率和分行业活动水平）之间的数量关系，揭示了碳市场总体设计应该遵循的基本原理。也就是说，只有当碳市场设计涉及的这些指标满足式（3-6）时，碳市场的设计才是内部逻辑一致的，也才能做到科学合理（张希良，2017）。

专栏3

碳市场配额总量的估算方法

举例说明，在全国碳市场总体设计中，如何科学确定关键指标的问题。2015 年中国化石燃料消费所产生的 CO_2 排放量约为 90 亿吨。根据“十三五”规划纲要的目标要求，“十三五”期间的 GDP 年增长率在 6.5% 左右（五年增长 37%），碳强度累计下降 18%。根据当前已经公布的全国碳市场的覆盖范围和纳入碳市场的企业门槛进行估算，2015 年全国碳市场覆盖的 CO_2 排放量约为 45 亿吨。假定“十三五”期间碳市场覆盖行业的总经济增长率为 27.6%（年均 5%），如果希望全国碳市场在实现全国碳减排目标的贡献不低于 30%、50% 和 70% 的话，可以计算出 2020 年全国碳市场的配额总量应分别不高于 51 亿吨、47 亿吨和 42 亿吨。同时，通过对比完成碳市场减排目标对应的行业基准值和根据企业数据所确定的行业基准值，就可以验证利用自上而下的方法提出的碳市场贡献率是否可行，进而对期望的碳市场贡献率进行调整，重新确定配额总量，直到得到一个科学合理的贡献率和配额总量。（张希良，2017）

图 2.6 表示了采用自上而下和自下而上相结合的方法时，国家、地方和企业在全国碳市场总量设定和配额分配过程的关系。国家设定总量和配额分配方法，地方依据国家统一的方法将配额分配给其管辖的企业，最终企业获得配额。企业配额汇总得到了地方配额总量，地方配额总量汇总得到全国碳市场总的配额量。这样的总量和配额分配方法保证了分配方法的统一性和透明性，也使得企业生产规模不受碳市场的重大影响和限制。

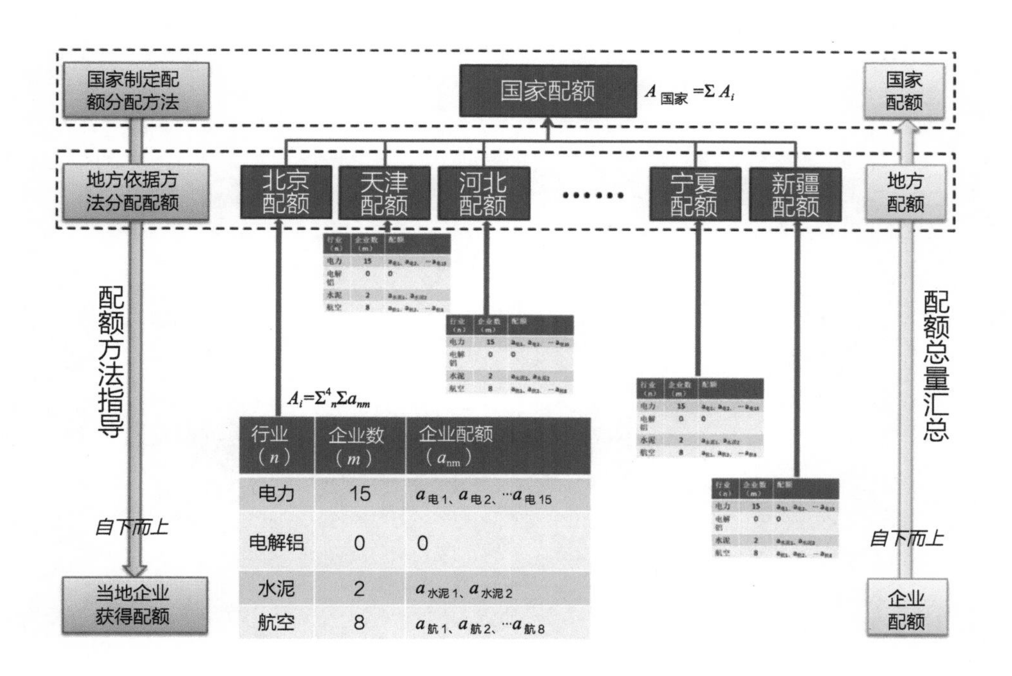

图 2.6　国家、地方、企业在总量设定和配额分配中的关系

3 配额分配

碳市场中，如何公平合理地进行配额的初始分配是一个非常重要的问题，也就是主管部门如何根据总量目标制定合理的初始配额分配机制，为体系所覆盖企业分配配额，这是设计碳市场的基础和核心问题。

本研究对中国全国碳市场初期配额分配的建议如下：

1）碳市场运行初期应以免费分配为主，以避免给企业造成沉重负担，并提高制度的社会可接受性。同时，条件成熟时引入配额拍卖机制作为补充，并逐步增加拍卖比例。

2）免费配额分配方法建议优先使用基于企业当年实际产出的行业基准法和基于企业当年实际产出的历史强度下降法。

3.1 配额分配的常用方法

配额分配是采用适当的方法将碳市场总量分配落实到所覆盖企业的过程。按照是否免费的标准，配额分配方法可以分为免费分配和有偿分配两种。

3.1.1 免费分配

应对气候变化主管部门根据一定的标准（如排放量、产品产量、能源消耗量等指标），将一定数量的配额免费发放给体系覆盖的企业。在免费分配中，分配原则可以是基于历史数据（历史总量法和历史强度法），也可以是基于相关年份的实际活动水平数据与行业基准值的乘积（行业基准法）；分配所基于的参数可以是企业的排放量，也可以是企业的生产投入或者产出。免费分配法的缺点是需要权衡效率和公平性、设计比较复杂、配额配置效率没有拍卖法高，但其优点是对企业的经营成本影响低。

3.1.2 有偿分配

有偿分配方法包括公开拍卖和定价出售两种。公开拍卖是指应对气候变化主管部门按照一定频率公开出售一定数量的配额，由企业竞价购买，出价高者可获得配额。拍卖法的优点是规则简单、配额配置效率高、提供了灵活性，缺点是会提高所有企业的经营成本，影响产业的国际竞争力。

定价出售是指应对气候变化主管部门按照规定的价格，统一向企业出售配额。定价出售的优点是规则简单、配额配置效率高，缺点是会提高所有企业的经营成本，影响产业的国际竞争力，同时固定价格无法反映市场需求关系。

3.2 关于全国碳市场初期配额分配的主要考虑

3.2.1 免费为主，拍卖为辅

从国际经验和国内七个省市的试点实践看，碳市场运行一般采用初期全部或绝大部分配额免费分配，之后不断增加拍卖在配额分配中的比重。另外，考虑到拍卖可能会导致一些对贸易敏感的工业部门，例如钢铁、化工行业，将生产向国外转移，从而影响本国产业的竞争力和产生碳泄露，所以即使在发达国家，对这些行业的配额分配也采用免费方法。全国碳市场覆盖的行业多为贸易敏感的工业部门，这就决定了配额分配至少在初期应以免费分配为主。国外的配额免费分配方法主要是历史总量法和历史强度法。这两种方法适用于经济发展波动较小的企业。在中国，整个经济和相关行业发展的波动很大，利用这两种方法分配配额会出现较大的公平性问题，特别不利于能效高的企业，可能会出现“鞭打快牛”的问题。因此应以基准值法为主，同时考虑到配额拍卖在价格发现和改进发达和欠发达地区之间公平性方面的功能，也应积极研究和适时引入适合中国特点的配额拍卖方法。

3.2.2 奖励先进，惩戒落后

建设碳市场就是要充分利用低成本的减排潜力，通过具有成本效益的方式实现中国国家自主贡献减排目标，为中国供给侧改革创造更多经济激励。因此，在配额方法选择过程中，特别是配额分配的行业基准值选择过程中，需要保证向碳排放强度相对较低的企业提供足够的激励。反之，碳排放强度相对较高的企业由于需要付出一定经济成本，所以应激励其改变生产模式或者提高生产效率以降低碳成本，进而通过“奖励先进、惩戒落后”的方式，促进和提高整个行业的碳生产力。

3.2.3 循序渐进，逐步收紧

全国碳市场面临政策环境等的复杂性决定着其设计和建设不可能一蹴而就，而是一个分阶段并不断发展完善的长期过程。中国不同行业发展水平存在较大差异，考虑到不同行业的数据统计基础和复杂程度等，应分批次纳入全国碳市场。同时，配额分配方法应随着行业技术类别变化、技术水平提高和国家碳减排目标的变化等而不断改进，特别是应适时逐步下调行业基准值水平。合理的行业基准值，能够给予行业和企业适当的减排压力。过于宽松的行业基准值会对整个行业失去指导作用，使得企业缺乏足够的减排动力。而过于严格的行业基准值会给企业造成较大负担。特别是在碳市场启动初期，企业的强烈反弹可能会带来较大阻力，甚至会影响碳市场整体的推进进程。

3.2.4 目标导向，综合平衡

建设碳市场的初衷是通过市场手段促进减排，因此在设计并更新配额分配方法的过程中，应密切关注行业和国家的发展目标，使碳市场与其他政策措施相协调，并以相应目标倒逼碳市场进度、评价碳市场成果、检验碳市场成效。同时，配额分配方法和基准值的选取一定是基于多要素、多层次综合考虑的结果，要从整体目标出发，安排和协调各利益相关者之间的关系。这个过程中，具体需要考虑各个行业不同时期数据的准确性和获取难度、政策近期和远期的平衡、行业内不同类型企业之间的公平、不同行业之间的公平、不同发展水平区域之间的公平，等等。

3.2.5 基于企业的履约年份实际产出进行配额分配

欧盟等碳市场针对某些行业基于历史产出量或服务量进行免费配额分配，采用履约年份当年的实际产出量或服务量是全国碳市场设计的一个重要特点。考虑中国所处的经济发展阶段、减排目标、重点排放行业的碳排放分布特征和电力市场化程度等，采用基于当年实际产量的行业基准法，可有效克服基于历史产量的配额分配方法在中国应用可能带来的与其他政策不协调等问题。一方面，采用实际产出量或服务量对于企业来说更加合理，企业配额量会随着产量规模扩大而增多；另一方面，对于八大行业中的部分落后产能，产能下降时所获配额量相应减少，不会造成配额超发。

使用当年产出的问题在于只能在履约年之后才能获知当年产出量或服务量。为了让企业能够尽早进行配额买卖，促进市场的流通和价格的形成，全国碳市场创新性地设计了预分配过程，也就是基于与履约年度最接近的历史年份的主营产品产量（服务量）等数据，按照一定比例初步核算纳入企业的免费配额数量。

3.3 配额分配方法及流程

3.3.1 配额方法的影响分析

不同配额分配方法对于碳市场覆盖的行业及宏观经济都会产生不同的影响，从而影响不同利益主体对分配方法的接受程度。因此，构建了动态的一般均衡模型（Pang，2018），以期定量地分析不同分配方法对宏观经济和碳市场覆盖行业的影响，并为分配方法的比较和确定提供依据。

（1）模型结构

模型的基本结构如图 3.1 所示，描述了经济系统中资本和劳动力、一般商品、能源商品、配额等的流动关系。模型将经济系统划分为要素市场和商品市场 2 个市场，包括居民、企业、政府和国外 4 个账户，通过对生产、消费、投资、储蓄等经济行为的刻画，描述了要素和商品的流通方式。模型包括 37 个生产部门，这些部门是基于 2012 年中国 139 部门投入产出表和《中国能源统计年鉴 2013》的行业划分确定的。对原始投入产出表进行部门聚合，得到新的投入产出表，包括 1 个农业部门、32 个工业部门、1 个建筑业部门和 3 个服务业部门。在对原始投入产出表进行误差值处理、油气开采行业拆分过程中，参考了 Li et al （2008）、Liu et al （2015）等在 GTAP（全球贸易分析项目）数据库中对中国投入产出表的处理方法。

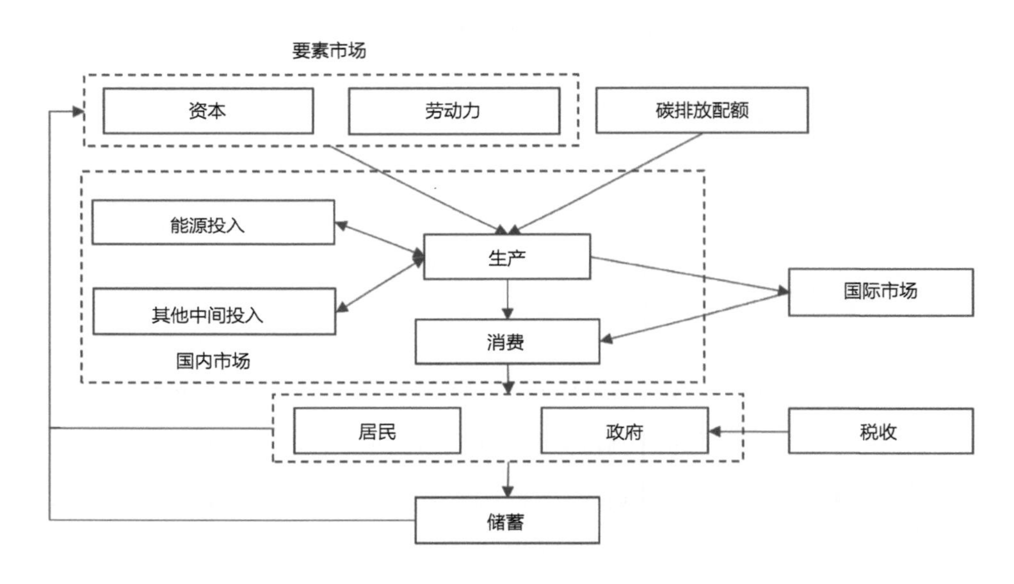

图 3.1 模型的基本结构

（2）情景设计

模型在基准情景中，不考虑碳市场政策，但基于现有规划中的主要能源政策设定了一些约束，主要指标包括 2020 年非化石能源占一次能源消费比重达到 15%，天然气比重达到 10% 以上，煤炭消费比重控制在 62% 以内。在碳市场情景中，总量上限比基准情景下碳市场覆盖部门的排放水平低 2%。

主要考虑 9 种主流的配额分配方法，表 3.1 给出了不同分配方法的主要参数取值。在表达式中，代表免费配额的分配系数，$\mu_{ex\text{-}ante}$、$\mu_{t\text{-}1}$、μ_t 分别表示企业的历史排放强度、上年度排放强度和当年实际排放强度，$q_{ex\text{-}ante}$、$q_{t\text{-}1}$、q_t 分别表示企业的历史产出、上年度产出和当年实际产出，表示行业排放对标。

表 3.1 模型配额分配方法及主要相关参数取值

方法简称	分配方法	表达式	相关参数取值
AUC	拍卖		—
HEG	基于历史排放的祖父法（未更新）	$a_t=0$	历史排放下降系数：0.9
HEUG	基于历史排放的祖父法（已更新）	$a_t=f{\cdot}\mu_{ex\text{-}ante}q_{ex\text{-}ante}$	历史排放下降系数：0.9
HPB	基于历史产量的对标法（未更新）	$a_t=f{\cdot}\mu_{t\text{-}1}q_{t\text{-}1}$	对标取值：碳价为 30 元 /tCO_2 时的单位产值碳排放强度
HPUB	基于历史产量的对标法（已更新）	$a_t=BM{\cdot}q_{ex\text{-}ante}$	对标取值：碳价为 30 元 /tCO_2 时的单位产值碳排放强度
HPI	基于实际产量和历史排放强度的方法（未更新）	$a_t=BM{\cdot}q_{t\text{-}1}$	历史排放强度下降系数：0.9
HPIU	基于实际产量和历史排放强度的方法（已更新）	$a_t=f{\cdot}\mu_{ex\text{-}ante}q_t$	历史排放强度下降系数：0.95
APB	基于实际产量的对标法	$a_t=f{\cdot}\mu_{t\text{-}1}q_t$	对标取值：碳价为 30 元 /tCO_2 时的单位产值碳排放强度

基于以上方法，首先研究所有碳市场行业都采用相同分配方法的“单一分配方法”情景，对比分析不同分配方法的影响差异，根据研究结果

初步判断各类方法对不同行业的适用性，进一步设计不同行业采用差异化分配方法的“综合分配方法”情景，进行行业间比较。

（3）情景分析

从分析中可以得出以下结论：

第一，碳市场政策对中国GDP的影响有限。与基准情景相比，在碳市场覆盖部门排放量每年减少2%的情况下，GDP每年将减少0.37%~0.44%。“单一分配方法”情景下，拍卖和“一次性分配”方法对GDP的影响相同。动态分配方法能够显著减小碳市场对GDP的影响。

第二，“单一分配方法”情景下，分配方法对不同行业的影响具有差异。产出方面，电力行业受碳市场政策的影响高于其他行业，基于上一年企业数据的分配方法对水泥和钢铁行业的补贴效应最明显。排放量方面，电力、造纸是碳市场中潜在的配额供给行业，其他行业是潜在的配额需求行业；与拍卖和“一次性分配”方法相比，动态分配方法将使水泥、钢铁、有色行业的排放增加，其他行业排放减少。

第三，“综合分配方法”情景下，碳市场对宏观经济和排放指标的影响程度介于“一次性分配”方法和动态分配方法之间。由于产能过剩行业不再享有动态分配方法的补贴效应，碳市场对不同行业的影响发生了变化。尽管电力行业仍是产出、价格和排放受碳市场影响最大的行业，但受影响程度明显比其他行业小。与行政命令政策假设相比，碳市场中配额潜在供给方发生改变，进一步反映出分配方法对减排量在不同行业间分布的影响。

3.3.2 分行业配额分配方法

行业配额分配方法参考国外的经验，但主要是借鉴国内试点的实践。本研究发展出了两种符合国情的配额免费分配方法，一种是基于当年实际产量的行业基准法，另一种是基于当年实际产量的历史强度下降法。

碳排放行业基准值是某行业的代表某一生产水平的单位活动水平碳排放量，是碳市场中行业基准法的主要依据。其可以是单位产品碳排放量，也可以是单位投入碳排放量，要根据具体行业特征予以明确。

历史排放强度下降法是根据相比控排企业自己某一年或某几年平均的历史单位产品 / 产出碳排放强度下降后的系数给企业分配免费配额。

通过行业碳排放基准值的选择可以为工业部门的转型升级和结构调整创造新的激励，助力供给侧结构性改革。中国应最大可能利用行业基准法，规避经济变化造成的不确定性。行业基准法的履约主体应是独立法人企业或视同法人的独立核算单位。履约边界是企业的主产品生产系统（工序、分厂、装置），以便能耗可以单独计量、易于核查，而且产品和工艺具有同质性，易于进行行业内横向比较。

建议的各行业配额分配方法如表 3.2 所示。对于有些子行业，由于生产工艺复杂、子行业横向可比性差、涉及大量二次能源再利用、分工序能源计量准确性低等原因，难以在全国碳市场建设初期提出公平、科学、可操作的行业基准值，因此可以从历史排放强度下降法方法入手，并随着企业能源计量水平的提高和统计数据的积累，逐步过渡到行业基准法。

表 3.2 模型配额分配方法

行业名称	子行业名称	分配方法
电力、热力生产和供应业	发电	基准法
	热电联产	基准法
	电网	历史强度下降法
石油加工、炼焦和核燃料加工业	原油加工	基准法
	乙烯	基准法
化学原料和化学制品制造业	合成氨、甲醇	基准法
	电石	基准法
	其他子行业	历史强度下降法
非金属矿物制品业	水泥熟料	基准法
	平板玻璃	基准法
有色金属冶炼和压延加工业	电解铝	基准法
	铜冶炼	历史强度下降法
黑色金属冶炼和压延加工业	粗钢、延压加工	历史强度下降法
造纸和纸制品业	纸浆制造	历史强度下降法
	机制纸和纸板	历史强度下降法
航空运输业	航空旅客运输	历史强度下降法
	航空货物运输	历史强度下降法
	机场	历史强度下降法

3.3.3 行业基准值的设定方法

以各地方应对气候变化主管部门上报国务院应对气候变化主管部门的 *X*~*X*+2 年重点排放单位的核查数据为基础，对排放数据进行分类、汇总和分析，按照国际通用的排放基准值计算方法，计算各行业 *X*+3 年基准值的主要步骤如下（见图 3.2）。

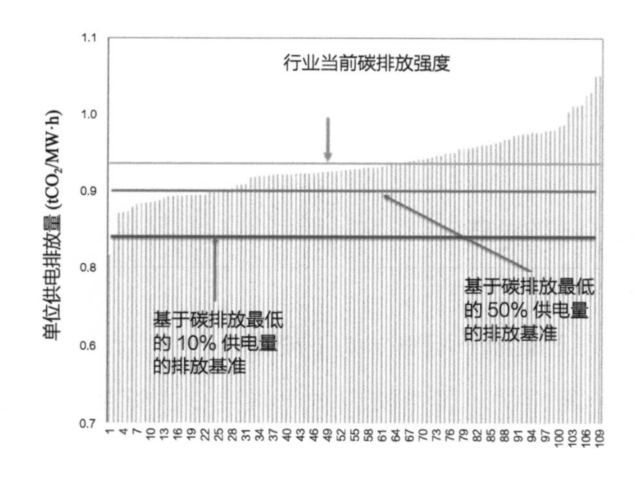

图 3.2　计算发电行业基准值的示意图

第一步：选取参加全国碳市场的某行业所有重点排放单位作为样本，计算样本行业 *X*~*X*+2 年平均碳排放强度。原则上应选取本行业的所有重点排放单位的数据作为样本，但当个别单位的数据填报有误或有缺失的情况下，可以剔除相应的样本数据，并进行说明。

$$\text{样本行业 } X\sim X+2 \text{ 年平均碳排放强度} = \frac{\text{样本 } X\sim X+2 \text{ 年总排放量}}{\text{样本 } X\sim X+2 \text{ 年总产量}}$$

第二步：按照碳排放强度由低到高的顺序将单个样本行业的企业进行排列，当该行业 $X\sim X+2$ 年若干个企业的累计产量占所有行业总产量的比例达到期望的 $a\%$ 时，计算这些企业的碳排放强度加权平均值，作为行业基准值参考值。具体计算公式如下：

$$\text{行业 } X\sim X+2 \text{ 年前 } a\% \text{ 的企业加权平均碳排放强度} = \frac{\text{前 } a\% \text{ 内企业 } X\sim X+2 \text{ 年总排放量}}{\text{前 } a\% \text{ 内行业 } X\sim X+2 \text{ 年总产量}}$$

第三步：结合节能降碳、地区和产业发展相关政策和需求，兼顾效率和公平原则，对计算出的基准值进行配额盈缺分析、样本企业抗压力试算和地区分布研究，最终选出适用于全国碳市场的期望值 a 和相应的基准值。

3.3.4 配额分配流程

建议全国碳市场下配额分配遵循如下流程。

1）制定配额分配方法。国务院应对气候变化主管部门负责确定各行业配额分配方法。

2）出台配额分配技术指南。国务院应对气候变化主管部门确定各纳入行业的配额分配具体方法、公式及参数、时间安排、分配程序及其他具体要求。

3）配额预分配。地方应对气候变化主管部门依照配额分配方法和技术指南的要求，基于相关历史年份的主营产品产量（服务量）等数据，初步核算所辖区域内纳入企业的免费配额数量。经国务院应对气候变化主管部门批准后，在注册登记系统中作为预分配的配额数量进行登记。

采用有偿分配方式的，地方应对气候变化主管部门要制定有偿分配的具体方案，报国务院应对气候变化主管部门批准后实施。

4）确定最终配额数量。地方应对气候变化主管部门依照配额分配方法和技术指南的要求，基于履约年度的主营产品产量（服务量）、新增设施排放量等核查数据，核算所辖区域内纳入企业的最终配额数量，多退少补。经国务院应对气候变化主管部门批准后，在注册登记系统中作为最终配额数量进行登记。

3.4 八个行业的配额分配方案

3.4.1 电力（含热电联产）行业

电力行业配额分配采用基准法。根据机组类型，提出了三种基准值划分方案，并进行对比分析。

• 方案 1：11 类机组，包括超超临界 1000MW、超超临界 600MW 级、超临界 600MW 级、超临界 300MW 级、亚临界 600MW 级、亚临界 300MW 级、超高压 300MW 以下、循环流化床 300MW 级、循环流化床 300MW 级以下、燃气机组 F 级、燃气机组 F 级以下等。

• 方案 2：四类机组，包括 300MW 等级以上常规燃煤机组、300MW 等级及以下常规燃煤机组、非常规燃煤机组（含循环流化床机组）及燃气机组。

• 方案 3：三类机组，包括常规燃煤机组、非常规燃煤机组（含循环流化床机组）和燃气机组。

专栏 4

中国发电企业特征（CEC，2019）

（1）企业类型

电力企业可分为：火力发电企业、可再生能源发电企业及电网企业。其中，火力发电企业是电力行业温室气体排放的主要来源。2018 年，中国火电机组总装机容量 11.44 亿 kW，包括煤电机组 10.08 亿 kW 和燃气发电机组 0.84 亿 kW，占总装机容量的 60.2%。电网企业主要从事电力输配工作，是发电企业和用电企业的桥梁纽带，在促进相关政策的实现、数据统计、协调发电企业和用电企业等方面发挥着重要作用。

（2）技术特点

截至 2018 年底，中国容量 30 万 kW 及以上机组占火电机组容量约为 80%。各类型机组的碳排放强度受容量等级、压力参数、供热情况、冷却方式等一系列因素影响，存在较大差异。

（3）能耗水平

2018 年，中国 6000kW 及以上火电机组供电煤耗为 307.6 克标煤 /（kW·h），比 1978 年的 471 克标煤 /（kW·h）下降了 163.4 克标煤 /（kW·h），降幅达 34.7%。1978—2018 年，中国 6000kW 及以上火电机组供电煤耗变化见图 3.3。

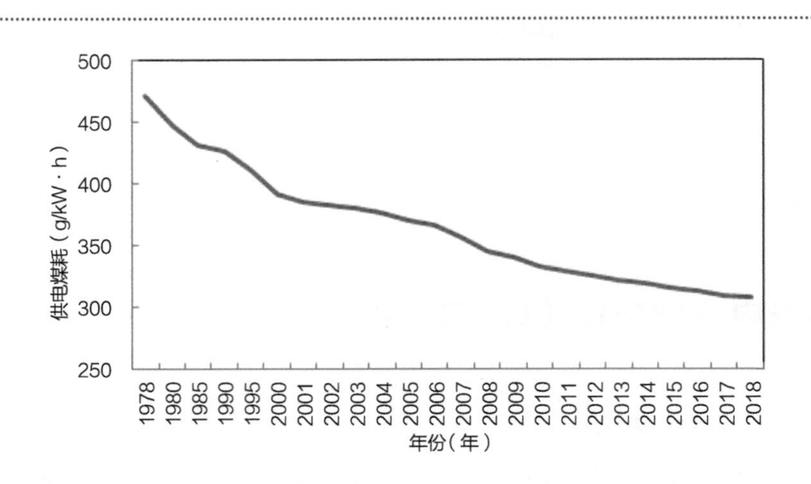

图 3.3　1978—2018 年中国 6000kW 及以上火电机组供电煤耗情况

发电机组的免费配额量计算公式如下：

$$A=A_e+A_h$$

式中：

A —— 机组配额总量，单位：tCO_2；

A_e—— 机组供电配额量，单位：tCO_2；

A_h—— 机组供热配额量，单位：tCO_2。

其中，机组供电配额计算方法为：

$$A_e=Q_e \times B_e \times F_l \times F_r$$

式中：

Q_e—— 机组供电量，单位：MW·h；

B_e—— 机组所属类别的供电排放基准值，单位：tCO_2/（MW·h）；

F_l—— 机组冷却方式修正系数，对于燃煤机组，如果凝汽器的冷却方式是水冷，则机组冷却方式修正系数为 1，如果凝汽器的冷却方式是空冷，则机组冷却方式修正系数为 1.05，燃气机组冷却方式修正系数为 1；

F_r—— 机组供热量修正系数，燃煤机组为 1-0.23× 供热比；燃气机组为 1-0.6× 供热比。

机组供热配额计算方法为：

$$A_h=Q_h\times B_h$$

式中：

Q_h—— 机组供热量，单位：GJ；

B_h—— 机组所属类别的供热排放基准值，单位：tCO_2/GJ。

从鼓励技术进步和促进电源结构优化的角度看，行业基准值的数量越少越好。但行业基准值数量过少，会对规模小、能效低的发电机组产生比较大的冲击，甚至会导致有些企业因严重亏损而破产。在综合考虑行业技术进步、电源低碳转型和对落后机组经济效益影响的基础上，建议采用方案 2，即 4 条行业基准值进行发电行业的配额分配，并通过以下步骤确定基准值：

1）以发电行业 2018 年的行业平均值作为供电基准值；

2）对上述结果进行微调，使发电行业配额盈缺基本实现总体平衡；

3）在第二步计算结果的基础上，根据 2019 年单位供电 CO_2 排放量较 2018 年下降 0.22% 的趋势，将所有供电基准值下调 0.22%，作为 2019 年及 2020 年发电行业基准值。

供热基准值以燃煤机组和燃气机组单位供热碳排放量的行业平均值分别作为燃煤和燃气机组的供热基准值。

专栏 5

电力行业配额分配基准值研究

本研究选取2018年30个省区市共1850多家发电（含热电联产）企业报送国务院应对气候变化主管部门的设施层级CO_2数据，基本全面覆盖全国火电CO_2排放。2018年，报告的火电机组CO_2排放量约为49.5亿吨（根据2018年应对气候变化主管部门发布的核算方法）。

此方案下，发电行业总体配额净缺口量为1500万吨CO_2，占样本机组排放量的0.3%，各类机组的减排率在0.2%~0.7%之间，充分体现了配额分配“鼓励先进机组”的原则。从区域来看，全国近40%的省份具有配额盈余，包括江苏、山东、湖北等地，而广东、河南、山西等地则存在一定的配额缺口。各区域配额的盈缺状况一方面与当地机组类型、效率密切相关，另一方面与机组是否采取实测方式获取元素单位热值含碳量和碳氧化率有很大相关性。随着2019和2020年度采取实测的机组越来越多，将对整个行业、行业内企业和各个区域的配额盈缺产生影响，因此需要根据收到的2019年度碳排放核查数据，核实单位热值碳含量的实测比例并更新2019—2020年配额分配基准值。

为降低配额缺口较大企业所面临的遵约负担，考虑设定企业配额遵约缺口上限值为企业碳排放量的20%，即企业配额缺口占其排放量比例超过20%时，其配额提交义务最高为其获得的免费配额量加20%的经核证排放量。配额遵约缺口上限值的设定将减轻配额缺口较大企业的遵约负担，以降低全国碳市场运行初期面临的阻力。

3.4.2 有色金属行业

（1）电解铝生产企业

建议覆盖电解铝生产为主营业务的企业法人（或视同法人的独立核算单位）的所有电解工序消耗交流电所产生的 CO_2 排放，并采用行业基准法进行免费配额分配，计算公式如下：

$$A=\sum_{i=1}^{N}(B\times Q_i)$$

其中：

A—— 企业配额总量，单位：tCO_2；

B—— 电解工序交流电耗排放基准值，建议数值为 8.1775tCO_2/t 铝液；

Q_i—— 铝液产量，单位：t；

N—— 液电解工序总数。

专栏 6

电解铝行业配额分配基准值研究

本研究选择 2013—2015 年的 79 家电解铝生产企业数据为样本，计算了行业碳排放强度基准值。

如果以行业内产量位居前 70% 的样本企业的碳排放强度加权平均值 8.1775tCO_2/t 铝液为行业基准值，行业配额净盈缺量 181 万 tCO_2，占行业总排放量的比重为 0.85%。其中，配额富余企业的个数占比 44%，配额短缺企业的个数占比 56%，配额短缺企业的总缺口 358 万 tCO_2，占行业总排放量的比重为 1.68%。

如果以行业内产量位居前 50% 的样本企业碳排放强度加权平均值，即 8.1197tCO_2/t 铝液作为行业基准值，则行业配额净盈缺量 329 万 tCO_2，占行业总排放量的比重为 1.55%。其中，配额富余企业的个数占比 34%，配额短缺企业的个数占比 66%。配额短缺企业的总缺口 472 万 tCO_2，占行业总排放量的比重为 2.20%。

如果以行业内产量位居前 90% 的样本企业碳排放强度加权平均值，即设定行业基准值 8.2239tCO_2/t 铝液作为行业基准值，则行业配额净盈缺量 61 万 tCO_2，占行业总排放量的比重为 0.3%。其中配额富余企业的个数占比 52%，配额短缺企业的个数占比 48%。配额短缺企业的总缺口 276 万 tCO_2，占行业总排放量的比重为 1.30%。

（2）铜冶炼企业

建议覆盖以铜冶炼为主营业务的企业法人的化石燃料燃烧、电力消费和热力消费所对应的 CO_2 排放，并采用历史碳排放强度下降法进行免费配额分配，具体计算公式如下：

$A=B\times F_m\times Q$

其中：

A —— 企业配额总量，单位：tCO_2；

B —— 企业历史碳排放强度，单位：tCO_2/t 粗铜；

F_m——CO_2 减排系数，单位：无量纲；

Q —— 粗铜产量，单位：t。

其中，建议企业历史碳排放强度取值为 2013—2015 年三年碳排放强度的算术平均值，CO_2 减排系数为 98.2%。对于既有企业粗铜产量未增加但下游产业链延长的，地方应对气候变化主管部门可按照新增下游生产设施的 CO_2 排放量占企业遵约边界内总排放量的比重，核增相应的配额。

3.4.3 非金属矿物制品业

（1）水泥生产企业

对以水泥熟料生产为主营业务的企业法人，建议覆盖所有熟料生产工段及协同处置废弃物所导致的化石燃料燃烧、碳酸盐分解、电力消费和热力消费所对应的 CO_2 排放，并采用行业基准法进行配额分配，具体计算公式为：

$$A=B\times Q\times f+W\times k$$

其中：

A —— 企业配额总量，单位：tCO_2；

B —— 熟料生产工段排放基准值，熟料生产工段的排放基准值为 0.8647 tCO_2/t 熟料，以后年份的基准值将在此基础上适时修订完善；

Q —— 企业熟料产量，是企业所有熟料生产工段的熟料产量之和，单位：t；

f —— 企业使用电石渣原料时的配额系数，无量纲。建议企业使用电石渣原料时的配额系数根据电石渣质量占熟料产量的比例（10%~100%）进行取值，相应取值范围为 100%~45%；

W—— 企业协同处置废弃物的重量（干基），单位：t；

k —— 企业协同处置单位重量废弃物的配额系数，无量纲。建议协同处置单位重量废弃物的配额系数值为 0.35tCO_2/t。

专栏 7

水泥行业配额分配基准值研究

以全国 30 个省市上报的 1006 家水泥熟料生产企业 2013—2015 年数据为样本，计算了行业碳排放强度基准值。2013—2015 年样本企业的熟料产量之和分别占当年全国熟料产量的 95.22%、96.87% 和 95.64%。

如果基于行业内产量位居前 84% 的样本企业碳排放强度加权平均值设定行业基准值为 0.8647tCO_2/t 熟料，则全行业配额缺口大约为 1%。

如果基于行业内产量位居前 75% 的样本企业碳排放强度加权平均值设定行业基准值为 0.8510tCO_2/t 熟料，则行业内配额的总缺口接近 1740 万吨，占行业总排放量的比重超过 1.58%，68% 的企业都缺配额。

如果基于行业内产量位居前 90% 的样本企业碳排放强度加权平均值设定行业基准值为 0.8602tCO_2/t 熟料，则行业内配额的总缺口占行业总排放量的比重为 0.52%。

（2）平板玻璃生产企业

对以平板玻璃生产为主营业务的企业法人，建议覆盖所有平板玻璃熔窑化石燃料燃烧、电力消费和热力消费所对应的 CO_2 排放，并采用基准法进行配额分配，具体计算公式为：

$$A=\sum_{i=1}^{N}(B_i\times Q_i)$$

其中：

A—— 企业配额总量，单位：tCO_2；

B_i—— 平板玻璃熔窑排放基准值，单位：tCO_2/ 万重箱；

Q_i—— 平板玻璃产量，单位：万重箱；

N—— 平板玻璃熔窑总数。

其中，建议既有熔窑排放基准值为 366tCO_2/ 万重箱，新增熔窑排放基准值为 329tCO_2/ 万重箱。

3.4.4 石化行业

（1）原油加工企业

对以原油加工为主营业务的企业法人或独立核算单位，建议覆盖所有炼油厂化石燃料燃烧、电力消费和热力消费所对应的 CO_2 排放，并采用基准法进行配额分配，具体计算公式为：

$$A=\sum_{i=1}^{N}(B_i \times F_i \times Q_i)$$

其中：

A—— 企业配额总量，单位：tCO_2；

B_i—— 炼油厂排放基准值，单位：tCO_2/（t 原油 × 能量因素）；

F_i—— 能量因数，单位：无量纲；

Q_i—— 原油加工量，单位：t；

N—— 炼油厂总数。

其中，建议既有装置排放基准值为 0.014tCO_2/（t 原油 × 能量因素），新增装置排放基准值为 0.012tCO_2/（t 原油 × 能量因素）。

（2）乙烯生产企业

对以乙烯生产为主营业务的企业法人或独立核算单位，建议覆盖所有乙烯装置化石燃料燃烧、电力消费和热力消费所对应的 CO_2 排放，并采用基准法进行配额分配，具体计算公式为：

$$A=\sum_{i=1}^{N}(B_i\times Q_i)$$

其中：

A—— 企业配额总量，单位：tCO_2；

B_i—— 乙烯装置排放基准值，单位：tCO_2/t 乙烯；

Q_i—— 乙烯产量，单位：t；

N—— 乙烯装置总数。

其中，建议既有装置排放基准值为 1.385tCO_2/t 乙烯，新增装置排放基准值为 1.278tCO_2/t 乙烯。

3.4.5 化工行业

（1）合成氨企业

对以合成氨为主营业务的企业法人或独立核算单位，建议覆盖所有合成氨分厂（或车间）能源作为原材料用途、电力消费和热力消费所对应的 CO_2 排放，并采用基准法进行配额分配，具体计算公式为：

$$A=\sum_{i=1}^{N}(B_i\times Q_i)$$

其中：

A—— 企业配额总量，单位：tCO_2；

B_i—— 合成氨分厂（或车间）排放基准值，单位：tCO_2/t 氨；

Q_i—— 氨产量，单位：t；

N—— 合成氨分厂（或车间）总数。

其中，建议对于既有分厂（车间），以无烟煤、烟煤和褐煤和天然气为原料相应的排放基准值分别为 3.199tCO_2/t 氨、3.889tCO_2/t 氨和 2.203tCO_2/t 氨。对于新增分厂（车间），以无烟煤、烟煤和褐煤和天然气为原料相应的排放基准值分别为 2.667tCO_2/t 氨、3.375tCO_2/t 氨和 1.840tCO_2/t 氨。

（2）电石生产企业

对以电石生产为主营业务的企业法人或独立核算单位，建议覆盖所有电石分厂（或车间）能源作为原材料用途、电力消费和热力消费所对应的 CO_2 排放，并采用基准法进行配额分配，具体计算公式为：

$$A=\sum_{i=1}^{N}(B_i \times Q_i)$$

其中：

A—— 企业配额总量，单位：tCO_2；

B_i—— 电石分厂（或车间）排放基准值，单位：tCO_2/t 电石；

Q_i—— 电石产量，单位：t；

N—— 电石分厂（或车间）总数。

其中，建议既有分厂（车间）排放基准值为 3.105tCO_2/t 电石，新增分厂（车间）排放基准值为 2.453tCO_2/t 电石。

（3）甲醇生产企业

对以甲醇生产为主营业务的企业法人或独立核算单位，建议覆盖所有甲醇分厂（或车间）能源作为原材料用途、电力消费和热力消费对应的 CO_2 排放，并采用基准法进行配额分配，具体计算公式为：

$$A=\sum_{i=1}^{N}(B_i \times Q_i)$$

其中：

A—— 企业配额总量，单位：tCO_2；

B_i—— 甲醇分厂（或车间）排放基准值，单位：tCO_2/t 甲醇；

Q_i—— 甲醇产量，单位：t；

N—— 甲醇分厂（或车间）总数。

其中，对于既有分厂（车间），建议使用烟煤或褐煤及天然气为原料相应的排放基准值分别为 $4.136tCO_2/t$ 甲醇和 $2.362tCO_2/t$ 甲醇。对于新增分厂（车间），建议使用烟煤或褐煤及天然气为原料相应的排放基准值分别为 $3.477tCO_2/t$ 甲醇和 $2.054tCO_2/t$ 甲醇。

3.4.6 钢铁行业

对以粗钢生产为主营业务的钢铁企业，建议覆盖化石燃料燃烧、电力消费和热力消费所对应的 CO_2 排放，并采用历史碳排放强度下降法，具体计算公式为：

$$A=B\times F_m\times Q$$

其中：

A—— 企业配额总量，单位：tCO_2；

B—— 企业历史碳排放强度，单位：tCO_2/t 粗钢；

F_m——CO_2 减排系数，单位：无量纲；

Q—— 粗钢产量，单位：t。

其中，企业历史碳排放强度建议取值为历史前三年碳排放强度的算术平均值，CO_2 减排系数为 97.6%。对于既有企业粗钢产量未增加但下游产业链延长的，地方应对气候变化主管部门可按照新增下游生产设施的 CO_2 排放量占企业履约边界内总排放量的比重，核增相应的配额。

3.4.7 造纸及纸制品生产企业

对以纸浆制造或机制纸及纸板制造为主营业务的企业法人，建议覆盖化石燃料燃烧、电力消费和热力消费所对应的 CO_2 排放，并采用历史碳排放强度下降法，具体计算公式为：

$$A=B\times F_m\times Q$$

其中：

A —— 企业配额总量，单位：tCO_2；

B —— 企业历史碳排放强度，单位：tCO_2/t 主营产品；

F_m——CO_2 减排系数，单位：无量纲；

Q —— 主营产品产量，单位：t。

其中，建议企业历史碳排放强度取值为历史前三年碳排放强度的算术平均值，CO_2 减排系数为 97.4%。

造纸及纸制品生产企业只能选择以下产品中的一种作为主营产品：1）纸浆；2）纸和纸板。对于既有企业主营产品产量未增加但下游产业链延长的，地方应对气候变化主管部门可按照新增下游生产设施的 CO_2 排放量占企业履约边界内总排放量的比重，核增相应的配额。

3.4.8 民航

（1）航空企业

对航空旅客运输企业及航空货物运输企业（以下简称“航空企业”），建议初始阶段覆盖航空器执行商业运营国内航段的航空煤油燃烧的直接排放，但应对气候变化主管部门可适时扩大排放源。

本行业建议可在以下两种方法中进行选择：

分配方法 1：采用历史碳排放强度下降法进行配额分配，具体计算公式为：

$$A=B\times F_m\times Q$$

其中：

A —— 企业配额总量，单位：tCO_2；

B —— 企业历史碳排放强度，单位：tCO_2/ 吨公里；

F_m——CO_2 减排系数，单位：无量纲；

Q —— 运输总周转量，单位：吨公里。

其中，建议企业历史碳排放强度取值为历史前三年的碳排放强度的算术平均值。2020 年企业 CO_2 减排系数根据企业类型进行赋值：第 I 类企业，即比行业的历史强度值平均值领先 10% 以上的企业，其减排系数为 0.948；第 II 类企业，即比行业的历史强度值平均值领先 10% 以内或落后 10% 以内的企业，其减排系数为 0.927；第 III 类企业，即比行业的历史强度值平均值落后 10% 以上的企业，其减排系数为 0.906。对于既有航空企业之间产生航空器的购买、租赁行为的，均采用购入、租入航空器的航空企业的历史碳排放强度核增相应的配额，采用卖出、出租航空器的航空企业的历史碳排放强度核减相应的配额。

分配方法 2：不再区分既有和新增，而是按主要机型区分的行业基准法。航空器的主要类型可分为：大型宽体机（≥ 300 座）、窄体机（100~300 座）、支线飞机（≤ 100 座）。三类机型的排放基准值需要基于新的核查数据进行计算，需要在未来的数据报告核算中补充分机型的碳排放数据和运输总周转量数据。

（2）机场企业

对机场企业航站楼，建议覆盖固定排放设施的化石燃料燃烧的直接排放及电力、热力消耗所对应的间接排放，并采用历史碳排放强度下降法进行配额分配，具体计算公式为：

$$A=B\times F_m\times Q$$

其中：

A —— 企业配额总量，单位：tCO_2；

B —— 企业历史碳排放强度，单位：tCO_2/ 人；

F_m——CO_2 减排系数，单位：无量纲；

Q —— 吞吐量，单位：人。

其中，建议企业历史碳排放强度取值为历史前三年的碳排放强度的算术平均值。2020 年企业 CO_2 减排系数根据企业类型进行赋值：第 Ⅰ 类企业，即比行业的历史强度值平均值领先 20% 以上的企业，其减排系数为 0.85；第 Ⅱ 类企业，即比行业的历史强度值平均值领先 20% 以内或落后 20% 以内的企业，其减排系数为 0.83；第 Ⅲ 类企业，即比行业的历史强度值平均值落后 20% 以上的企业，其减排系数为 0.8。

专栏 8

配额试分配工作

按照国务院应对气候变化主管部门起草的发电（含纯发电和热电联产）、水泥熟料、电解铝三个行业重点企业配额分配方案，以经核查的 2013—2018 年重点排放单位碳排放数据为基础进行了配额试分配和影响分析。一是从区域层面分析各年度配额盈缺情况，二是从行业层面分析各行业配额盈缺情况及内在影响因素，三是分析行业内部不同类型生产线或机组的配额分配及盈缺情况，四是对配额缺口较大或盈余较多的重点排放单位进行分析。

配额试分配问题剖析：

1）在设计产能范围内，单位产品碳排放量随产品产量增加呈边际递减，部分企业因达不到额定工况导致配额短缺。如部分发电机组以低负荷率运行，无法达到最佳运行条件，导致单位供电量碳排放偏高。随着新能源装机容量提高，化石燃料发电公司的负荷率可能会进一步下降，进而导致配额进一步短缺。

2）发电机组“天生缺陷”导致配额持续短缺。部分机组为煤矸石发电且属于资源综合利用电厂，以及部分省份使用褐煤发电，导致其单位供电量碳排放天生高于同类机组，配额短缺将增加该类企业经济负担。

3）海拔高度对水泥窑炉燃烧效率的影响。在高海拔地区，由于气压较低导致燃煤燃烧不充分致使单位熟料碳排放增加。

配额试分配启示：

1）将生产线或机组的产能利用率作为配额分配的影响因素，根据产能利用率或负荷率等，设置配额调整系数；

2）对水泥熟料生产，将海拔高度作为配额分配的影响因素，设置海拔高度调整系数；

3）对于认定为资源综合利用电厂（机组），根据其特点单独制定配额分配行业基准值。

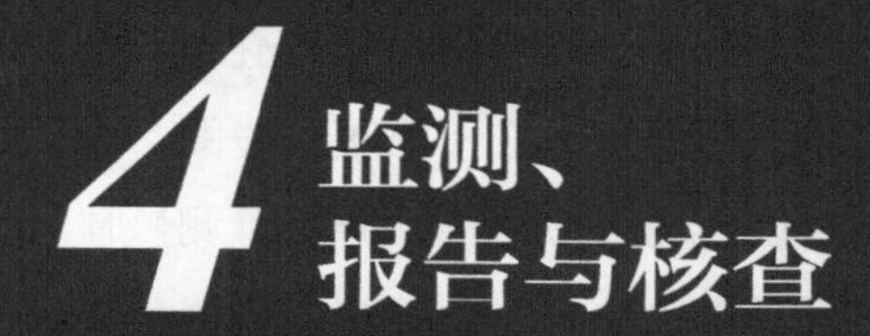

4 监测、报告与核查

高质量的温室气体排放数据是保障碳市场配额分配、开展交易、碳排放履约清缴的基础，重点排放单位的温室气体排放数据质量关系到碳市场的公平和公正。

2007 年 12 月，联合国气候变化框架公约（UNFCCC）第 13 次缔约方大会达成《巴厘路线图》，明确要求各国采取的应对气候变化减缓行动要"可测量 M(measurable)、可报告 R（reportable）、可核查 V（verifiable）"，从此，基于"三可"原则的数据监测与核算、报告与核查制度成为全球温室气体控制的通行管理机制。

"可测量 M"是指明确测量对象、测量方式后，根据已建立的相关标准，尽可能地以准确、客观的方式，描述特定对象的状态。"可报告 R"是指明确报告主体后，在一定的公开范围内，披露报告主体的相关信息，包括信息的主要内容、涉及的时间周期等。"可核查 V"是指由独立的第三方机构根据已建立的相关标准，对报告主体披露的相关信息准确性及其产生过程的可靠性，开展独立、公开、透明的评估。

在中国试点省市运行过程中，各个试点逐步认识到 MRV 制度在整个碳排放权交易体系中发挥的重要基础和核心作用，并逐步完善试点碳市场 MRV 制度建设。对我国而言，MRV 机制已是政府实施温室气体管理工作的基础，是构建全国碳市场的重要环节，是重点排放单位相关数据准确性和可靠性的有效保障。

4.1 监测、报告与核查制度管理架构及工作流程

4.1.1 制度管理框架

我国监测、报告与核查制度管理架构包括应对气候变化主管部门、重点排放单位及第三方核查机构。三者各司其职，构成了我国完整的 MRV 管理体系，其制度管理架构如下：

（1）应对气候变化主管部门

由国务院应对气候变化主管部门颁布出台全国碳排放权交易管理条例及配套管理办法、相应的核算与报告技术指南等。以立法的形式确定碳排放权交易的制度目标，对碳排放许可、分配、交易、管理、交易各方的权利义务、法律责任等做出规定。地方应对气候变化主管部门负责组织、监督重点排放单位碳排放数据的监测、报告与核查，负责对第三方机构的监督管理等。

（2）重点排放企业

被纳入碳排放权交易体系范围内的重点排放企业，按照国家碳交易主管部门颁布的碳排放核算与报告技术指南，监测、报告和核算其一定时间内的碳排放量，向地方应对气候变化主管部门提交书面监测计划及碳排放报告。

（3）第三方核查机构

经地方应对气候变化主管部门选定的第三方核查机构按照国家碳交易主管部门颁布的碳排放核算与报告技术指南等相关规则，对企业提交的监测计划、碳排放报告、实际生产经营情况等进行核查，并出具第三方核查报告，报送给地方应对气候变化主管部门。

基于上述管理架构、与碳排放权交易体系其他要素的关联关系，MRV 制度中应对气候变化主管部门、重点排放单位、第三方核查机构三方关系如下图 4.1 所示。

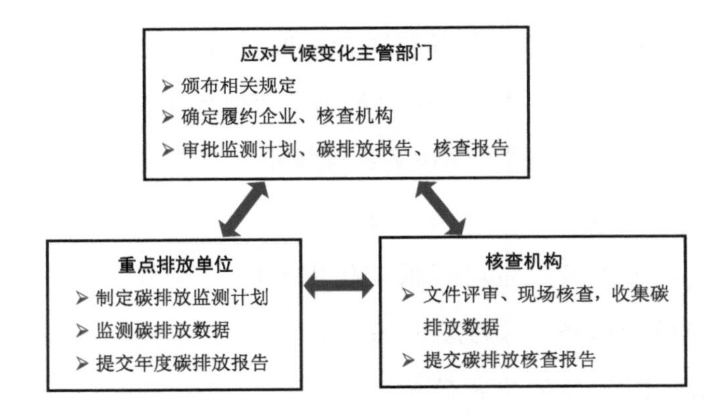

图 4.1　MRV 制度中的三方关系图

4.1.2 工作流程

全国碳市场MRV制度的工作流程如图4.2所示，其实施周期一般为一年，大致可分为以下几步：

（1）重点排放单位制定监测计划

地方应对气候变化主管部门每年确定重点排放单位名单。重点排放单位应按照核算指南的要求配备计量监测设施并定期校准，制定监测计划，建立企业温室气体排放报告的质量保证和文件存档制度。地方应对气候变化主管部门组织对监测计划进行核查，符合要求的监测计划提交地方应对气候变化主管部门申请备案。不符合要求的监测计划应进行整改后再次进行核查。如监测计划需要修订，则应进行监测计划的修订及再核查、再备案。

（2）监测计划的实施及年度碳排放报告的提交

重点排放单位应严格按照经备案的监测计划实施监测活动，每年结束后，根据各个参数的监测结果进行碳排放核算，并编制年度排放报告。重点排放单位在每年规定的时间节点前向地方应对气候变化主管部门报告上一年度的排放情况，提交初始年度排放报告。

（3）第三方核查机构对年度排放报告实施核查

根据国务院应对气候变化主管部门的部署和安排，地方应对气候变化主管部门组织选定符合条件的第三方核查机构。第三方核查机构通过文件评审和现场核查的形式，对初始排放报告进行核查，并出具第三方核查报告。重点排放单位应积极配合核查活动，并及时处理核查发现的问题，修改相关信息和数据，形成最终年度排放报告。

（4）对年度排放报告和核查报告实施复审

地方应对气候变化主管部门组织对排放报告和核查报告进行复审，在规定的时间节点前确定重点排放单位上一年度的排放量，作为配额分配和履约的基础。

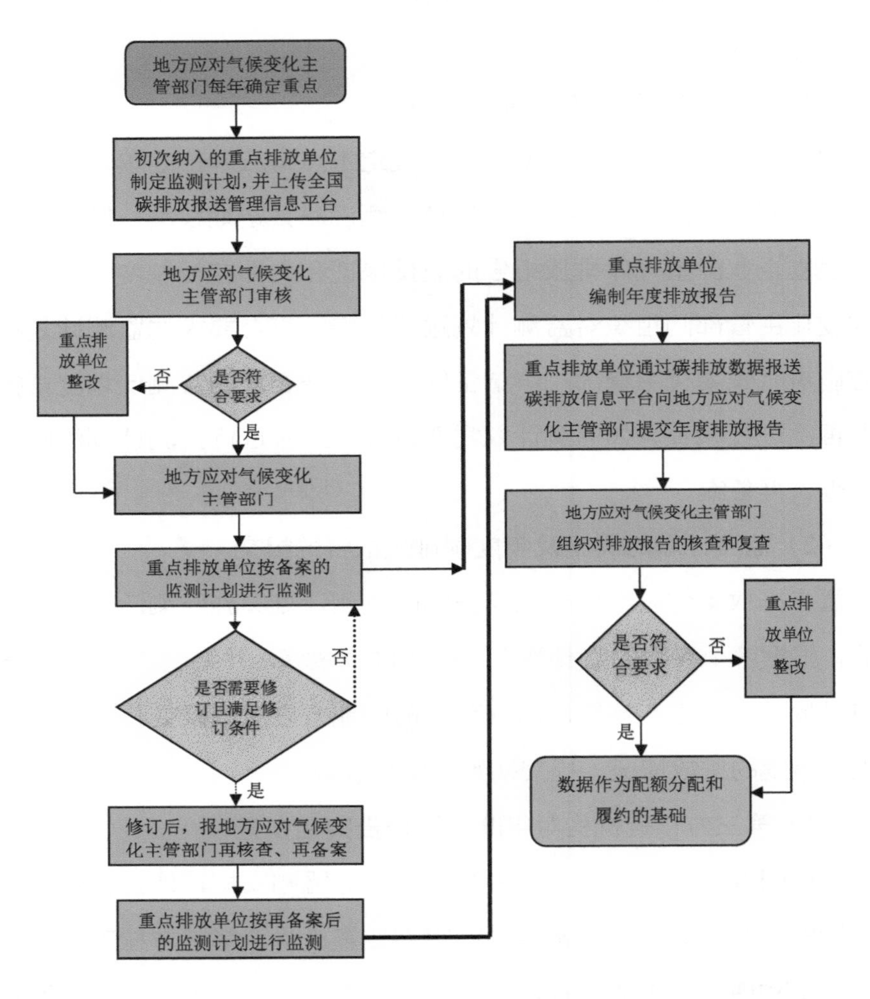

图 4.2　全国碳市场监测、报告与核查体系工作流程示意图

4.2 责任主体和责任边界

全国碳市场在制度设计上需要明确数据质量控制的责任主体和责任边界，建立标准化的程序和技术规范。责任主体和责任边界的确定有两种技术路线。

第一种技术路线是由重点排放单位、应对气候变化主管部门、第三方核查机构三方作为碳市场数据质量管理体系的责任主体，共同保障碳市场的数据质量，其中：

重点排放单位应对数据的真实性、有效性负责，坚持“自证排放、数据留痕”原则。为履行上述责任，重点排放单位应建立温室气体排放监测计划，建立台账管理制度并严格实施，保留好相关原始凭证记录，以确保数据可被追溯。

应对气候变化主管部门负责制定统一的技术规范和工作程序，并充分利用现有的监管体系保障监测、报告与核查按照标准化的技术规范和流程实施。

第三方核查机构对其核查业务的独立性和核查结果负责，编制的核查报告作为企业自证的一部分，由企业购买核查机构服务。例如欧盟、美国加州等国外碳市场，北京、深圳等试点碳市场的现阶段，核查费用均由企业支付。因此，第三方核查机构应具备完善的独立性核查制度，规避利益冲突，保证核查工作独立、公正；具备有效的质量内部控制程序和具有相应能力的核查人员，确保核查结果符合要求；具备一定的资金赔付能力，弥补因核查风险造成的经济损失。

第二种技术路线是由重点排放单位、应对气候变化主管部门两方作为碳市场数据质量管理体系的责任主体。为更好地履行责任，重点排放单位和监管部门均可选择技术机构支撑相关技术工作，其中：

重点排放单位的责任与第一种技术路线一致。

应对气候变化主管部门的责任除第一种技术路线提及的职责外，还应履行核查责任。为避免监管机构在实施核查和监管过程中“既当裁判员，又当运动员”，国务院应对气候变化主管部门与地方应对气候变化主管部门应在数据质量管理中划清中央与地方的事权范围，即国务院应对气候变化主管部门负责制定数据监测、报告与核查的技术规范并对重点排放单位和地方应对气候变化主管部门实施监督检查，地方应对气候变化主管部门负责对重点排放单位实施数据核查和执法检查。

专栏 9

监测、报告与核查的经验做法

欧盟碳市场涉及欧盟层面的监管和成员国的监管。其中，重点排放单位的监测和报告按照欧盟统一要求实施，核查由各成员国参照欧盟推荐规范，结合各自国情组织实施。欧盟碳市场监测、报告与核查规范标准体系经历了逐步完善的过程，第一阶段（2003—2007 年）和第二阶段（2008—2012 年）采用了约束力较弱的技术规范，第三阶段（2013—2020 年）建立了更具法律约束力的法规（Monitoringand Reporting Regulation，MRR 和 Accreditation and Verification Regulation，AVR）（中国质量认证中心等，2015）。

美国加州碳市场通过加州空气资源委员会（Air Resource Board，ARB）颁布的《温室气体强制报告法规》，规定了温室气体排放报告和核查的一般要求，明确了设施、供应商和实体应报送温室气体报告的责任，第三方核查机构的资格要求，细化了数据的缺失和企业采取连续排放监测系统（CEMS）等特殊情况的处理方式等（USEPA，2009；董文福等，2011）。

韩国碳市场在《温室气体配额分配与交易法》中明确要求重点排放单位开展温室气体排放监测、报告与核查工作的责任，并对报告与核查、核查机构的指定及排放量的认定等具体程序和要求进行规定。韩国碳市场专门制定了对第三方核查人员的要求，并自第三阶段采用国际标准化组织（ISO）推荐的监测、报告与核查国际标准（侯士彬等，2013；张忠利，2016）。

中国 7 个碳交易试点的监测、报告与核查的管理方式存在一定差别。在监测计划的管理方面，除深圳外，其他碳交易试点均要求重点排放单位制定年度监测计划并在地方应对气候变化主管部门备案。在第三方核查机构的管理上，北京、上海、湖北、深圳 4 个碳交易试点的做法是根据管理办法中规定的资格条件筛选并公布了符合要求的第三方核查机构名单，再从公布的第三方核查机构名单中选择机构开展核查；而天津、广东、重庆3个碳交易试点的做法是，直接在核查任务招标文件中规定了第三方核查机构的资格条件。关于核查费用，目前北京和深圳2个试点的核查费用由企业支付，作为企业自证的一部分；天津、上海、湖北、广东、重庆5个试点的核查费用由财政经费支持。关于复查费用，各碳交易试点都将复查作为政府实施监管的必要技术环节，按照抽查的方式组织实施，有关复查费用由财政经费支持（张丽欣等， 2016）。

4.3 监测要求

监测是碳市场数据质量控制的第一步，包括监测计划的制订、修订及执行，由重点排放单位负责实施。监测计划是将较为复杂的行业技术规范结合重点排放单位实际情况，转化为更具针对性和可操作性的技术文件，类似于大气污染防治领域的“一厂一策”。监测计划对重点排放单位建立健全温室气体排放内部管理制度，降低企业数据核算技术门槛，提升数据可追溯性，保障企业各年度温室气体排放数据延续性和可比性等方面具有积极意义。调研中发现，具有完善的监测计划和实施碳排放内部管理制度的重点排放单位，即使在员工轮岗或调离的情况下，新员工通过对监测计划的学习也可以快速适应温室气体数据的监测和报告工作。

一份有效可行的监测计划应包括以下六个部分：

1）监测计划的版本及修订情况。初始监测计划和历次修订的原因、主要内容、修订时间和版本号等信息均需要在监测计划中详细记录。

2）重点排放单位基本情况。包括三个方面内容，一是单位简介，如成立时间、所有权状况、法人代表、组织机构图和厂区平面分布图；二是主营产品的名称及产品代码；三是主营产品及生产工艺。

3）核算边界和主要排放设施。重点排放单位需要清晰地界定两个边界：一是法人边界，主要用于核定是否为全国碳市场重点排放单位；二是设施边界，主要用于确定企业履约相关的信息，包括确定温室气体排放量和免费分配的配额等。

4）能源消耗和生产活动水平数据和排放因子。主要监测以下内容：一是监测化石燃料燃烧产生的 CO_2 直接排放量。按照化石燃料类别（如煤、煤油、天然气等）和设施，明确相关活动水平数据和排放因子确定方式。二是监测生产过程产生的温室气体排放量。按照生产工艺或工段，明确生产过程中 CO_2 直接排放相关的活动水平数据和排放因子的确定方式。三是监测减排工艺和减排行动的温室气体减排量。明确温室气体回收、固碳产品隐含的排放等相关参数的获取方式，此部分温室气体排放应在核算温室气体排放量时扣除。四是监测消耗电力和热力产生的间接温室气体排放量。根据净购入电力和热力产生的 CO_2 排放核算过程，明确活动水平数据和排放因子的确定方式。五是监测其他涉及温室气体排放量变化参数的确定方式。

5）生产数据。根据配额分配方法要求，主要监测与配额分配相关的生产数据，比如发电行业的供电量和供热量数据。

6）数据内部质量控制和质量保证相关规定。企业内部质量控制和质量保证应严格于国家公布的技术规范，并不断改进完善，提高碳排放数据的科学性和准确性。该部分主要包括：温室气体监测计划制定、温室气体报告专门人员的指定情况，监测计划的制定、修订、审批及执行等管理程序，温室气体排放报告的编写、内部评估及审批等管理程序，温室气体数据文件的归档管理程序等内容。

4.4 报告要求

数据报送应满足完整性、透明性和准确性原则。完整性是指重点排放单位应按照技术规范的要求，报送温室气体排放相关信息和支撑文件，不遗漏应报信息。透明性是指重点排放单位应加大信息公开力度，及时披露温室气体排放情况和配额履约清缴情况，接受社会公众监督。准确性是指重点排放单位根据技术指南要求监测排放数据，并通过建立健全碳排放数据管理内部控制制度，不断提高报送数据的准确性。基于以上原则，重点排放单位报告温室气体排放情况的关键要素见表 4.1，其中应重点关注如下问题：

1）报告内容完整，满足全国碳市场的技术要求。报告内容应涵盖报告主体、报告内容、报告依据、报告流程和时间节点、数据的确认和缺失信息处理等；

2）应严格执行监测计划，并编制形成排放报告；

3）监测计划如需调整，重点排放单位应及时向地方应对气候变化主管部门提出变更申请，经地方应对气候变化主管部门同意变更后，依据新的监测计划监测和核算温室气体排放量；

4）重点排放单位应采取相应的质量控制措施，提高报告质量。

表 4.1 温室气体排放报告关键要素

关键要求	温室气体排放报告
报告主体	重点排放单位，即纳入管控的八大行业中年温室气体排放量达 2.6 万吨 CO_2 当量（综合能源消费量约 1 万吨标准煤）的企业或者其他经济组织
报告内容	法人边界的排放数据； 《补充数据表》中的遵约边界的排放数据和配额分配支持数据
报告原则	完整性、透明性、准确性
报告依据	温室气体排放核算方法与报告指南； 国务院应对气候变化主管部门规定的其他管理办法和技术规范
报告时间	不宜晚于每年 5 月底
报告提交流程	参考图 4.2 关于数据报送的部分
监测计划的提交	经第三方核查机构评审之后到地方应对气候变化主管部门备案，修改后的监测计划应当进行再次评审和备案
报告的核查	核查是数据报送的一个必不可少的环节，采用第三方核查作为温室气体质量保证的方式，关于核查的具体内容详见后续章节
报告的复查	地方应对气候变化主管部门应对重点排放单位提交的排放报告和核查报告进行复核，重点对风险较高的、核查过程中出现问题的报告进行复核

续　表

关键要求	温室气体排放报告
报告的最终确认	地方应对气候变化主管部门应对重点排放单位的排放报告和核查报告进行最后的确认
报告的数据安全	温室气体报告数据可能涉及国家安全数据及重点排放单位的商业机密，数据传输及储存过程中应当注意采取保密措施
报告的内容质量控制	重点排放单位应开展有效的温室气体排放数据质量内部管理，确保排放报告符合要求

4.5 核查要求

核查是一种提供质量保证的服务，是实现温室气体排放量可追溯原则的具体体现，也是对监测计划执行情况和数据质量再验证的必需步骤，由核查机构根据全国碳市场统一的规范实施。

4.5.1 核查机构

核查机构是实施碳排放核查、提供碳排放数据质量保证的责任主体，应建立完善的内部管理程序、接受行业和社会监督、接受主管部门的监管。对核查机构的管理，应充分考虑全国碳市场的特点及对核查的需求。一是核查机构监督管理体系的设计，应当考虑政府部门职能调整对核查机构管理方式的变化、核查机构管理与认证机构管理之间的关系和国家与地方的事权划分。二是对核查机构而言，不仅要做到独立公正、避免利益冲突，还要具备专业的人员、专业的经验，同时还应当有能力承担由核查结果所引起的财务和法律风险。三是合理设定核查机构的从业能力，要充分考虑不同能力核查机构数量与全国碳市场核查的业务规模之间的关系。核查机构的能力资格条件不能过高或过低，过高会导致符合条件的核查机构数量有限，不足以支撑繁重的核查任务，过低会导致核查机构能力不足，无法保障核查工作质量，也会造成核查机构数量过多，引起恶性竞争，降低核查工作整体的质量。四是对核查机构的监督和管理应当覆盖核查的整个工作程序，充分检验核查机构的公正性、独立性和机构及核查人员能力。核查机构应具备的能力要求如表 4.2 所示。

表 4.2 核查机构能力要求

资质条件	对核查机构能力的要求
法人资格	具有独立法人资格
办公条件	具有固定的工作场所和开展核查工作所需的设施及办公条件
应对风险能力	财务制度完善，并建立一定规模的风险基金，有一定的抵御财务风险的能力
内部管理制度	建立完善的内部质量管理体系： - 完整的组织结构，明确的职责和权限 - 指定核查事务的负责人 - 核查人员管理 - 核查活动管理 - 文件和记录管理 - 申诉、投诉和争议处理 - 公正性管理 - 保密管理 - 不符合及纠正措施处理 - 内部审核 - 管理评审

续 表

资质条件	对核查机构能力的要求
业绩和经验	在温室气体核查领域具有良好的业绩和经验，包括类似机制下的温室气体核查经验，或气候变化领域内的课题研究
人力资源	具备充足的从事核查工作的专业人员，满足核查人员数量和核查专业领域方面的要求
核查员资质	核查员应满足一定的知识和技能及经验方面的要求
不良记录	不应存在任何渎职、欺诈和 / 或与其职能不符的其他行业的不良记录
利益冲突和独立性管理	不应当和任何利益相关方存在管理和资产等方面的关联

4.5.2 核查指南

核查应采用科学、标准的流程和方法，深入核实、查验碳排放相关数据流质量控制的关键环节，包括每一个数据的监测、记录、传递、汇总及报告的全过程，确保数据的真实、准确、完整、可靠。统一规范的核查指南，对指导核查机构开展工作、向碳市场传递信任、提升碳交易的公信力具有重要意义。

首先，第三方核查结果应具有相对较高的保证等级。国际标准通常把温室气体核查的质量保证分为四个等级：绝对保证、合理保证、有限保证和无保证。全国碳市场的核查直接关系到“真金白银”的交易，数据质量保证等级理论上应当是最高等级的绝对保证，但实施成本很高，因此应当至少做到合理保证等级。

其次，核查应具有客观性、公正性。核查指南要从原则上明确核查是一个不偏不倚的过程，实施核查工作中要做到不带有任何偏见，要尊重客观事实，如实查证、核实相关数据并公正地报告核查结果。核查指南在核查流程的设计上也要注意客观公正性，如避免一个人组成核查组、避免核查机构人员与重点排放单位之间的利益冲突等。

再次，核查应具有一致性。全国碳市场涵盖的重点排放单位数量较多，因此对核查机构需求的数量也较多，不同核查机构的工作结果应当具有可比性，这就要求核查过程中应当遵循标准的、规范的核查流程，采用一致的核查方法。核查指南在核查流程的设计上也要注意可操作性，确保每一个核查机构都能按照标准的流程实施核查。核查指南在核查方法的设计上还要注意适宜性，要确保每一个核查机构遇到同一核查对象都能够采用同一适宜的核查方法处理。

最后，核查的抽样应具有代表性。全国碳市场涵盖的重点排放单位排放量和证据文件的数量较多，核查机构在现场核查时可采用抽样的方式，但是抽样必须具有代表性。

核查指南是实施碳核查的指导手册，其主要要素包括核查原则、核查目的、核查依据、核查流程、核查内容和要求以及核查报告等。在研究制定全国碳市场核查指南的过程中参考了欧盟的 AVR、美国的 MRG、ISO14064-3、ISO14065 等和试点碳市场的相关规定，核查关键要素应至少包括表 4.3 所示内容。

表 4.3 核查的关键要素

核查的要素	核心内容
核查原则	客观独立、诚实守信、公平公正、专业严谨
核查目的	确保数据的真实性和可靠性
核查依据	包括核查指南、核算和报告指南、引用的国家标准、行业标准和地方标准，以及备案的监测计划

续　表

核查的要素	核心内容
核查流程	包括签订协议、核查准备、文件评审、现场核查、核查报告编制、内部技术评审、核查报告交付及记录保存等 8 个步骤
核查内容和要求	包括基本情况的核查、核算边界的核查、核算方法的核查、核算数据的核查、质量保证和文件存档的核查以及监测计划执行情况的核查等 6 个方面要求
核查报告	采用统一的格式，主要内容应包括概述、核查过程和方法、核查发现、核查结论以及附件
监测计划的评审	包括监测计划版本的审核、报告主体描述的审核、核算边界和主要排放设施描述的审核、各个活动数据和排放因子获取方式的审核、数据内部质量控制和质量保证相关规定的审核等

5 抵销机制

抵销机制是指允许纳入碳市场的重点排放单位控排企业使用符合规定的、由碳市场外减排活动所产生的减排信用额来完成遵约任务的机制。减排信用额一般是对具体的温室气体减排项目签发的，例如联合国清洁发展机制（CDM）项目产生的核证减排量（Certified Emission Reductions，CERs)）和依据《温室气体自愿减排交易管理暂行办法》的规定签发的中国核证自愿减排量（简称 CCER）。

从国外碳交易体系碳市场已有经验来看，几乎所有碳市场交易体系都引入了抵销机制，即允许控排企业使用项目级的减排信用来抵扣其排放量，并都详细规定了碳减排信用的来源、种类、使用额度限制等内容。就全国碳市场的抵销机制而言，仍需要进一步研究抵销机制的各要素，至少包括以下六个方面：

1）是否建立抵销机制；

2）抵销碳信用的类型；

3）抵销碳信用来源的项目类型；

4）抵销碳信用产生的项目来源地；

5）抵销碳信用的使用上限；

6）抵销碳信用的产生时间。

5.1 抵销机制的作用与意义

抵销机制是一种帮助碳市场控排纳管企业低成本完成遵约的灵活机制，能够促进碳市场控排纳管企业利用更多途径低成本实现减排目标，并且可以作为一种调节市场价格的柔性机制，避免政府直接干预市场的不良影响。此外，抵销机制还可以激励碳市场未覆盖部门行业实施减排行动，降低全社会总体减排成本。

但是，抵销机制和碳市场的其他制度要素紧密相关。例如，若碳市场配额总量上限设定过于宽松，导致碳市场控排纳管企业完成配额清缴履约清缴的压力较小，市场对减排抵销碳信用的市场需求就较低。作为一种重要的交易商品，抵销碳减排信用交易活动对碳市场运行具有直接影响：若对用于抵销的减排碳信用的要求不够严格、成本过低，则会导致

“劣币驱逐良币”，影响碳市场配额及其他碳减排信用的价格，进而影响碳交易体系市场对低碳投资的引导作用；若减排信用抵销碳信用使用量过多，则会影响碳交易体系市场纳管控排企业的实际减排行动和实际减排量，以及碳排放交易体系市场的目标完整性等。

因此，抵销机制的成功运行需要建立在严格的使用规则基础上，避免其对排放交易碳市场造成不良影响。通过借鉴国外碳市场交易体系抵销机制和国内碳排放权交易试点地区抵销机制的实施建设经验，并结合全国碳市场体系的实际需求与现实基础，制定抵销机制关键要素，包括抵销碳信用的来源、种类、使用额度限制、使用方式等内容，充分发挥抵销机制对全国碳市场的积极作用。

5.2 抵销机制关键要素

5.2.1 抵销碳信用类型

抵销碳信用类型是指可以用于碳市场控排企业完成履约任务的、经核查符合规定的由碳市场外实体实施温室气体减排活动产生的减排信用类型。

欧盟碳排放交易体系的抵销碳信用类型包括通过清洁发展机制（CDM）获得的核证减排量（CERs)，或通过联合执行 (joint implementation，JI) 获得的减排单位（emission reduction units，ERUs)。美国区域温室气体减排行动（RGGI）允许使用成员州或美国其他地区的碳减排信用。加州碳市场的抵销碳信用包括：加州空气资源委员会（CARB）签发的碳减排信用、与加州碳交易体系连接的其他体系签发的碳减排信用、基于行业减排机制产生的碳减排信用。新西兰碳交易体系可以使用 ERUs 和 CERs 作为抵销碳信用。

根据国内碳排放权交易试点和福建碳市场抵销机制建设经验来看，各试点碳市场允许使用 CCER 用于履约抵销，此外，北京、广东和福建碳市场除了允许 CCER 用于抵销，还结合地方特色允许使用其他抵销指标。福建碳市场还可以使用福建林业碳汇项目产生的碳汇量作为抵销指标，广东试点碳市场引入碳普惠机制产生的减排量作为抵销指标，北京试点碳市场允许节能量转换成的碳减排量、碳汇量作为抵销指标。

我国于 2012 年发布了《温室气体自愿减排交易管理暂行办法》和《温室气体自愿减排项目审定与核证指南》，备案了相关方法学，建立了温室气体自愿减排交易机制，温室气体自愿减排项目产生的减排量可通过相关的方法和程序被备案为国家核证自愿减排量（CCER）。CCER 的项目审定和核证严格规范，由国务院应对气候变化主管部门备案，公信力强、质量好、具备较好的流通特性。2017 年《全国碳排放权交易市场建设方案（发电行业）》也提出“尽早将国家核证自愿减排量纳入全国碳市场”。

5.2.2 抵销碳信用的项目来源地

抵销碳信用的项目来源地通常为国内相关碳市场覆盖地区之外的地区。

欧盟只允许来自京都议定书第二承诺期签署国的 ERUs 和最不发达国家 CDM 项目产生的 CERs 用作抵销碳信用。加州碳市场规定抵销碳信用产生地理范围须在美国、加拿大和墨西哥领土范围内。RGGI 规定抵销碳信用产地为参与州或美国其他地区。新西兰碳交易体系由于市场体量小，没有规定抵销碳信用的地域限制。

对于中国的地方碳市场，北京、广东、湖北和福建试点碳市场对抵销碳信用有本地化要求。北京试点碳市场用于抵销的 CCER 中 50% 是由北京本地产生，与北京市开展跨区域合作的河北省承德市的抵销碳信用认定为北京本地产生的抵销碳信用。广东试点碳市场要求参与履约抵销的 CCER 中 70% 以上来自广东。湖北和福建试点碳市场要求参与履约的 CCER 全部来自当地。2016 年 7 月，湖北碳市场要求用于抵销的 CCER 必须产生于湖北省连片特困地区；2017 年 6 月，要求用于抵销的 CCER 为长江中游城市群区域的国家扶贫开发工作重点县。

考虑到过多种抵销碳信用可能对碳市场造成的价格冲击，全国碳市场初期仅考虑使用中国境内温室气体自愿减排项目产生的 CCER。同时，为了确保 CCER 在全国各省之间良好的流通性，不建议对 CCER 项目产地予以硬性限制，但考虑到中国地区发展不平衡性和生态扶贫工作的需要，可考虑鼓励特定地区的项目产生的 CCER 优先用于抵销机制，如国家规定的扶贫开发工作重点县和经济不发达地区等。根据《国家扶贫开发工作重点县名单》估算，如果优先考虑这些地区的 CCER，那么在 2022 年 CCER 稳定供给量估算大约为 3300 万吨，约占全国碳市场初期控排企业总排放量的 1%。

5.2.3 抵销碳信用来源项目的类型

目前，国家发布了十二批共 200 个温室气体项目审定与减排量核证方法学，共涉及十几个温室气体减排领域。在全国碳市场的抵销机制的项目类型方面，抵销机制的具体设计需要对某些数量过大、争议性较强的项目类型提出限制，以确保 CCER 的供给量和需求量的平衡。

在项目类型上，不建议将工业燃气项目、水电项目、工业节能项目纳入碳市场。原因如下：

1）工业气体项目如三氟甲烷、六氟化硫等温室气体排放量大，导致各项目减排幅度大，有可能导致抵销碳信用和配额价格过低；

2）水电工程因其对环境的负面影响而备受争议；

3）有些项目经济指标良好，但是附加性不符合要求。比如钢铁、水泥、化工等项目不符合产业升级和可持续发展的要求。

如果全国碳市场不允许上述类型用于抵销，即从现有估算体系中的排放数据中剔除工业项目和水电项目的数据，并利用预测模型重新计算，2022 年 CCER 的预测供应量约为 2.25 亿吨。假设这个供给量与需求达到平衡，则 CCER 限值在全国碳市场总排放量中所占比例约为 6%。

在全国碳市场初期，配额的发放可能会相对宽松。在这种情况下可以进一步对项目类型有所限制。建议鼓励产业结构转型，推动符合国家可持续的低碳发展战略的行业，或者是特定地区内符合国家相关行业发展规划的项目。初步建议鼓励的自愿减排项目类型为：优质可再生能源项目（包括风电、光伏、生物质制燃料类、地热能利用）、农业项目、森林碳汇项目。一般CCER项目类型为除工业项目、水电项目以外的项目。仅考虑上述鼓励类项目类型，当供给量与需求达到平衡时，CCER 的使用限值比例为 4.6%。

同时，对于在全国碳市场控排企业的管控设施上实施的减排项目，无论是节能改造、余能利用、燃料替代还是原料替代措施，这些措施通过减少排放将为企业带来富余的配额，从而带来不菲的收入，因此不应再开发成自愿减排项目，否则将涉及重复计入通过节能减排措施而增加的碳资产。在抵销机制中应规定纳入配额管控设施边界范围内产生的减排量不可用来抵销，这与当前各试点碳市场抵销机制规定一致。

5.2.4 抵销碳信用使用上限

抵销碳信用比例限制就是减排信用在覆盖实体提交的遵约配额中所占比例的限制。如果信用使用量过高，会影响碳市场实际减排量及其目标完整性。如果信用使用量过低导致抵销碳信用价格过高，则不能充分发挥其降低碳市场控排企业的遵约成本和促进更多低成本减排的作用。

欧盟各成员国设置的抵销比例不同，对不同的设施的要求也不相同。加州碳市场最多可使用信用额完成其 8% 的遵约义务。RGGI 用信用额完成其遵约任务的最大比例为 3.3%。新西兰则未对抵销碳信用的数量进行限制。

国内地方碳市场的 CCER 抵销比例目前在 1% ～ 10%。其中深圳不超过排放量的 10%，上海不超过配额的 1%，北京不超过配额的 5%，广东不超过排放量的 10%，天津不超过排放量的 10%，湖北不超过配额的 10%，重庆不得超过审定排放量的 8%，福建不超过排放量的 10%。

本研究对全国碳市场抵销碳信用比例限制的不同情景进行了比较。

情景一抵销比例上限设置为 8%，不限自愿减排项目类型和项目来源地。

情景二在自愿减排项目类型上予以一定的限制，将产能过剩、额外性不容易满足、不利于环境保护和可持续发展的工业类项目和水电项目去除。在这种情况下，CCER 的估计供应量为 6%。

情景三在项目类型上要求为鼓励类项目类型，促进调整产业结构和能源转型，并推动中国生态文明和可持续发展的相关行业的发展。如果只考虑鼓励类的项目类型，例如高质量的可再生能源项目（包括风电、光伏、生物质燃料和地热能利用）、农业项目和森林碳汇项目，CCER估计供给量为 4.6%。

情景四在情景三的基础上增加了自愿减排项目来源地的限制。鼓励特定地区的项目优先用于抵销机制，通过 CCER 抵销机制帮助经济不发达地区通过节能减排、造林增汇等方式促进当地的经济发展。如果只考虑扶贫开发重点县和经济欠发达地区的项目，同时只须考虑鼓励类项目类型，CCER 估计供应量为 1%。

上述情景二、情景三及情景四中的限制条件与鼓励特定行业和特定地区发展、推动更可持续的低碳发展战略相吻合，根据项目类型、来源地等条件测算出的可达供需平衡时的抵销比例范围在 1%~6% 之间，具备一定可实施性。

5.2.5 抵销碳信用的产生时间

国内外碳市场中都有关于抵销碳信用项目或减排量时间的相关限制。欧盟碳市场中，对于用于抵销的 CER 的产生时间做出如下规定：在 2013 年 1 月 1 日以后，除了来自京都议定书第二承诺期签署国的 ERUs，还包括 2012 年 12 月 31 日前注册的 CDM 项目产生的 CERs；对于 2012 年后注册的 CDM 项目，只接受来自最不发达国家的项目产生的减排信用。

北京、上海、天津、广东、湖北、重庆和福建碳市场对 CCER 产生的时间均有明确限制。北京、上海和天津试点碳市场要求 CCER 产生的时间必须来自 2013 年 1 月 1 日后。湖北试点碳市场则根据每年的市场配额供需情况设置不同的要求，2016 年要求项目减排量计入期为 2015 年 1 月 1 日至 2015 年 12 月 31 日，2017 年则要求项目计入期为 2013 年 1 月 1 日至 2015 年 12 月 31 日。广东试点碳市场尽管没有明确时间限制，但由于禁止申请签发 CDM 项目注册之前减排量的 CCER 项目的使用，实际上就杜绝了绝大部分早期项目，等同于时间限制。重庆试点碳市场要求 CCER 项目必须在 2011 年后投入运行。福建试点碳市场则规定 CCER 项目应当是在 2005 年 2 月 16 日之后开工建设。

5.3 关键要素设计建议

综上所述，在全国碳市场建设和运行初期，尤其是碳排放价格调控手段不足的阶段，应考虑实施抵销机制。关于抵销碳信用的种类，为降低制度设计的复杂程度，建议按照“先易后难、循序渐进”的原则，初期先将CCER作为抵销碳信用使用，此后再研究考虑使用其他碳减排指标。在碳市场发展的不同阶段，国务院应对气候变化主管部门可以根据市场的实际情况选择不同的碳减排指标。

本研究就全国碳市场抵销机制的关键要素设计方案给出建议如下：

（1）抵销碳信用的类型

全国碳市场重点排放单位可使用CCER作为抵销碳信用，且1吨CCER等于1吨配额，纳入配额管控设施边界范围内产生的减排量不可用于抵销。

（2）抵销碳信用的项目类型、使用上限、来源地以及产生时间

根据对抵销碳信用的项目类型、使用上限、来源地以及产生时间等的不同限制程度，研究提出紧缩型、适中型和宽松型三种选择方案。国务院应对气候变化主管部门可在碳市场的不同发展阶段根据碳市场的排放总量、配额分配情况、配额市场价格、CCER 价格和 CCER 的供给量等情况，参考上述三个方案。三种方案主要内容如表 5.1 所示：

表 5.1　抵销机制设计建议方案

方案类型	项目类型	使用上限	来源地	产生时间
紧缩型	鼓励类项目：优质可再生能源项目（包括风电、光伏、生物质制燃料类、地热能利用）、农业项目、森林碳汇项目	1%	国家规定的扶贫开发工作重点县和经济不发达地区等	2018 年 1 月 1 日之后
适中型	鼓励类项目：优质可再生能源项目（包括风电、光伏、生物质制燃料类、地热能利用）、农业项目、森林碳汇项目	5%	无限制	2018 年 1 月 1 日之后
宽松型	不包含水电项目、工业项目	6%	无限制	2018 年 1 月 1 日之后

6 遵约机制

遵约机制是评估碳市场纳入控排企业是否完成了其排放报告和核查报告提交、配额提交等义务，以及规定其未完成义务时将面临的惩罚、完成义务时可获得鼓励的规则（段茂盛, 2013）。控排企业在全国碳市场体系下的遵约义务主要包括在规定的时间内提交温室气体排放报告和核查报告及足额提交与排放量相等的配额或抵销产品等。合理的遵约机制对于促进控排企业按时完成其义务至关重要，其关键要素一般包括：法律基础、遵约周期及遵约要求，惩罚及鼓励措施、管理机构等。

6.1 法律基础

碳市场是政策性市场，而且涉及企业切身利益，只有建立以较强的法律基础为支撑的遵约机制才能督促控排企业认真履行其各项法律责任，并在其不履行义务时进行严格处罚。遵约机制作为碳市场的核心规则之一，其法律基础一般来自为保障碳市场有效运行而出台的最基本法律法规和相关政策，也有部分体系中针对遵约机制制定专门的文件，一般为法律等级较低的实施细则类文件。由于处罚是保证企业遵约的最主要手段，而法律基础直接决定了处罚的力度及其最终可否落实，因此，强有力的法律基础和清晰的法律规定对于规范相关各方的权利义务和督促企业履行义务至关重要。

中国七个试点碳市场的法律基础具有明显差异（DUAN, 2014）。北京和深圳的法律等级更高，为具有地方法律性质的试点地方立法机构的决定 / 规定和政府规章；上海、湖北、广东和重庆次之，为试点地方政府规章；天津的法律等级最低，为市政府的部门文件。这直接决定了各个试点地区的遵约机制，尤其是对违规企业的处罚力度存在着很大的差异。另外，不同试点碳市场针对遵约制定的专门规则也各不相同，也直接影响其处罚标准的严厉程度、处罚执行的清晰程度，直接影响了体系的遵约严谨程度、遵约率高低和遵约规则执行的行政成本。

以北京试点碳市场为例。北京市人民代表大会常务委员会通过了《关于北京市在严格控制碳排放总量前提下开展碳市场试点工作的决定》，该决定属于地方性法规性质，规定了对未遵约控排主体的较严厉处罚措施。北京市政府印发的《北京市碳排放权交易管理办法》中，进一步明确了控排主体的遵约义务，包括提交温室气体排放报告、接受第三方核查及按时足额提交配额等方面的具体规定。时任应对气候变化主管部门的北京市发展和改革委员会出台了《关于规范碳排放权交易行政处罚自由裁量权的规定》等多份规范性文件，转隶后，北京市生态环境局细化了对企业违约行为进行行政处罚的量裁标准，发布了《北京市生态环境行政处罚行为分类及公示期限管理相关规定》。通过这三个层次的文件，形成了北京试点碳市场体系下较为全面、清晰和规范的遵约规则机制。

国外主要碳市场都具有较强的法律基础，一般都由相关国家或地区的立法机关等制定并发布遵约文件，而且各个体系的遵约机制一般是在最根本的法律文件中进行比较系统的规定（European Commission, 2015; California Air Resources Board, 2020; The Regional Greenhouse Gas Initiative, 2020）。欧盟与 RGGI 是区域性组织，在其关于碳市场的最基础立法中对遵约机制做了基本规定，并由成员国（州）出台具体的法律法规对相关处罚予以确认。加州、韩国和新西兰等地则在碳市场立法中直接给出清晰和具体的处罚机制。

从国内外主要碳市场的运行实践看，包括遵约机制的基础性法律文件的层级高低对遵约机制能否有效执行有直接的影响。立法层级越高，遵约机制相关规定的约束性就越强，尤其是相关的处罚措施因为有法律的保障而能贯彻到底；立法层级越低，则在执行过程中可能面对更多的阻力与纠纷。

全国碳市场目前最主要的法律基础为国务院部门规章，法律层级较低，无法据此设立较强的针对不遵约企业的处罚条款，尤其是经济处罚。因此，全国体系的法律基础亟待加强。即使国务院发布了关于全国碳市场的条例，属于行政法规，但为了保证全国体系可以与不断变化的外部政策环境相衔接和协调，预期条例也会是框架性的，不会设定特别详细的处罚机制，而是会给国务院气候变化主管部门带有一定灵活性的一般性授权。因此，在条例通过后，国务院气候变化主管部门还需要制定与条例配套的遵约机制的实施细则，明确规定针对不同的不遵约行为的具体处罚规则，以限定主管部门在执法中的自由裁量权，同时也给企业以更加清晰和明确的政策信号。

6.2 遵约周期和遵约要求

遵约周期是指对碳市场纳入管控企业履行自身义务的时间周期要求，尤其是关于完成配额提交义务的周期性时间要求。基于不同的考量和权衡，不同的碳市场设计了不同的遵约周期和要求。企业的遵约义务主要有提交温室气体排放报告和核查报告、完成配额清缴以及配合进行数据的核查和制定监测计划等其他义务。绝大多数的碳市场以一年为单位要求企业履行相关的义务，但也有个别体系有不同的安排。

6.2.1 主要碳市场的实践

国内各试点碳市场的遵约周期均为一年，而且各个试点均比较注重对整个遵约过程的监督，大都针对温室气体排放报告和第三方核查报告的提交以及配额提交设置了明确的时间节点。有些试点碳市场还要求企业提交年度碳排放监测计划。关于具体时间点，如北京在不同年份的规定基本保持稳定，也有试点在不同年份要求的时间点差异较大。虽然不同试点每年配额的签发时间与配额清缴的截止时间呈现不同的先后关系，但均规定企业都不能使用未来年度的配额完成之前年度的配额提交义务。绝大多数试点允许企业在后续年份无条件继续使用之前年度剩余的配额完成配额提交义务。

以北京试点 2015 年度遵约年为例。控排企业应于 2016 年 2 月底前提交 2015 年度排放报告，3 月底前提交核查报告；应对气候变化主管部门于 2016 年 4 月底前确定纳入企业 2015 年配额的最终调整值，于 2016 年 6 月底前核发 2016 年度的配额；重点排放单位于 2016 年 6 月 15 日前完成针对 2015 年度排放的配额清缴；应对气候变化主管部门从 2016 年 3 月 1 日起针对未报送碳排放报告的行为执法，3 月 30 日起针对未报送碳排放核查报告的行为进行执法，6 月 16 日起对未完成遵约的控排企业进行责令整改，责令整改期结束后依法对未履行义务的企业进行处罚。

在国外的主要碳市场中，欧盟、韩国、新西兰体系均要求企业以一年为单位履行相关义务；而 RGGI 和加州体系不以严格的一年为遵约期。以加州体系为例，在一个 3 年的典型遵约期中，企业在前两年中每年仅须针对相应年份 30% 的排放提交配额，而最后一年需要针对前两年的 70% 和最后一年的全部排放提交配额。多年的配额提交义务设计有利于企业在一个相对较长的时间段内制定和实施遵约策略，从而给予企业更多的灵活性，而中间年份每年的部分遵约则部分控制了将所有配额提交义务都集中到最后一年可能导致的严重违约风险。关于排放监测和报告，大多数体系均以一年为单位要求企业予以执行，也有新西兰等个别体系要求企业按季度提交排放报告，避免将问题累积到年末。这些体系现在都允许企业将未使用的配额存储到未来年份使用，但在预借政策上则有较大的差异。由于一年中配额分配时间早于配额提交时间，欧盟碳市场事实上允许企业预借未来一个年份的配额履行配额提交义务，韩国体系规定了预借未来年份配额的上限，其他体系则不允许企业预借未来年份的配额完成配额提交义务。

6.2.2 关于全国碳市场的建议

遵约周期越短，越有利于提高碳市场的活跃程度，但也会增加遵约考核的成本。遵约期较长，则有利于企业在更长时间段上制定遵约策略，但也容易造成企业的前期压力不足从而前期减排动力不足的问题。再加上体系的法律基础较弱，企业也可能会寄希望于主管部门最后不会对其不遵约的行为进行严格处罚，那么这个问题就更加突出。如果以多年为基础进行配额提交，则最后一年企业不能完成配额提交义务的风险会非常大。

根据《碳排放权交易管理办法（试行）》，全国碳市场下的控排企业应每年向所在区域的地方应对气候变化主管部门提交不少于其上年度经确认排放量的配额，履行上年度的配额清缴义务。这种遵约周期的设置与国内试点碳市场及国外主要碳市场的规定相同，由于时间较短，因此可以及时发现企业配额清缴义务等遵约规则设计中的问题，以及企业履行义务中可能存在的挑战和问题，并及时加以解决，从而避免错误和风险的累积。因此比较适合目前法律基础较弱而且处于初始阶段的全国碳市场。

全国碳市场下的存储和借贷规则还没有正式公布。为了激励企业尽早开展碳减排行动，建议允许企业可以将剩余的配额留在未来年份使用，但不允许预借未来年份的配额，这样也能有效防止企业将减排压力后移从而导致后期不能完成配额提交义务的风险。但考虑到体系运行初期配额分配方法未必完全科学合理，配额有可能会存在一定的剩余，为防止大量剩余配额对未来年份碳市场供求平衡的重大不利影响，也可以考虑限制剩余配额向未来年份的存储，比如设定总的可存储量或者可以在未来使用的最长年限，以及每年可使用的比例等。

关于全国碳市场下的排放报告和核查报告的提交要求，国务院应对气候变化主管部门目前已经发布了多次的年度要求，但不同年份的要求均不完全一致，这虽然反映了全国碳市场建设的新需求，但是也给企业带来了一定的困扰。建议对相关的要求进行系统梳理，并加以明确，设定一个以年为单位的相对比较固定的时间节点和规范报告要求，以便给企业、相关的服务机构和各级应对气候变化主管部门等市场参与者一个相对比较稳定的预期。

6.3 惩罚和激励措施

为督促企业履行其在碳市场下的义务，有必要设立有效的惩罚和激励措施。惩罚是督促企业履行义务的核心和最有效的手段，惩罚力度的大小将在很大程度上影响企业遵约的动力。针对不同的不遵约行为，惩罚方式可以包括责令企业提交报告、经济处罚、补缴配额、扣除其下一年度配额及行政处罚等。针对按时遵约的企业，应对气候变化主管部门也可以实施奖励性措施，通常有财政支持、政策优惠、奖项表彰等。

6.3.1 国内外主要碳市场的处罚措施

《中华人民共和国立法法》对于不同层级的文件中可以设立的处罚措施有明确的规定，因此，中国不同的试点碳市场因为其法律层级不同，也设立了差异较大的处罚措施。与国外体系几乎以罚款作为唯一的核心惩罚措施不同，国内各试点根据其实际情况，规定了多种多样的可操作的惩罚措施。

关于经济处罚。北京和深圳试点因为法律基础较强从而规定了基于市场碳价和未清缴配额量且没有绝对上限的经济处罚制度。例如，北京试点碳市场中，对于逾期仍未完成配额遵约的企业，根据其超出配额许可范围的碳排放量，按照市场均价的 3 至 5 倍予以处罚；对于逾期仍未报送碳排放报告或者第三方核查报告的企业，可以处以 5 万元以下的罚款。上海、广东和湖北虽针对企业未完成配额提交义务规定了罚款，但其罚款金额上限较低。例如，上海试点碳市场中，对于未履行报告义务且逾期未改正的单位，处以 1 万元以上 3 万元以下的罚款；对于未按规定接受第三方机构核查且逾期未改正的，处以 1 万元以上 3 万元以下的罚款；对于无理抗拒、阻碍第三方机构开展核查工作的，处以 3 万元以上 5 万元以下的罚款；对于未履行配额清缴义务的企业，可处以 5 万元以上 10 万元以下罚款。天津和重庆则未设立罚款规定。

国内试点碳市场采取的其他惩罚措施主要包括：将违约信息纳入社会信用体系并向社会公布、取消企业享受财政资助及扶持性政策的资格、将相关信息纳入对国有企业负责人的考核、责令提交报告、责令补缴配额、削减或者扣除下一年度的配额、取消评优资格、停止违约企业新建项目审批等。北京和深圳还利用专门的执法队伍来保证企业顺利完成遵约。例如，转隶前的北京市节能监察大队和转隶后的北京市环境监察总队是试点的执法主体，一般通过电话催报、现场监察等方式责令覆盖企业提交了碳排放报告、第三方核查报告和配额的清缴。国内试点碳市场的实践也表明，较低的法律层级和经济处罚限额，影响了应对气候变化主管部门对于未遵约行为的惩罚力度，也极大增加了督促企业遵约的行政成本。

在国外主要的碳市场中，对于企业未按期足额清缴配额，采取的主要惩罚措施包括：对未提交配额的部分，按照一定的价格进行经济处罚，并从次年配额中扣除所欠配额的多倍作为补偿；对于其他扰乱遵约秩序的行为，进行行政和刑事处罚。对于企业未能按时提交排放报告、第三方核查报告等违约行为，大多数体系未提出明确的处罚措施，但新西兰碳市场则针对企业的各类违约行为规定了详尽的处罚措施。虽然国外体系措施比较单一，但是由于其处罚力度大，例如欧盟碳市场下对每个未提交配额的罚款额度高达 100 欧元，远超过每吨配额的市场价格，加之法律执行严格，因此效果非常明显。

6.3.2 试点碳市场的激励措施

在促进企业遵约而采取的措施方面，国内试点与国外体系的一个明显区别在于国内试点增加了促进企业遵约的鼓励措施。这是由于公有制企业在中国经济中居于主体地位，而这类企业除了重视经济利益，也相对更加重视荣誉和信誉以及企业的社会影响力。上海、广东、天津、湖北和深圳等均在其试点碳市场的基础法律法规中对鼓励措施进行了原则性规定，并且各试点碳市场采取的鼓励措施基本类似，主要包括优先为纳入的遵约企业提供金融服务、提供财政支持和政策扶持、对遵约企业进行荣誉奖励等。在国内大多数试点碳市场的法律基础不强从而无法设立较高经济处罚的情况下，鼓励措施对于促进企业尤其是国有企业的遵约也起到了积极的作用，是中国具体国情下一个独特而有益的制度安排。

6.3.3 全国碳市场下的奖惩措施

目前，全国碳市场的法律依据主要是作为国务院部门规章的《碳排放权交易管理办法（试行）》，其法律层级较低。根据《中华人民共和国行政处罚法》的规定，尚未制定法律、行政法规的，部门规章可以设定一定数量罚款的行政处罚，罚款的限额由国务院规定。这意味着如果想要在《碳排放权交易管理办法（试行）》的基础上设定对不遵约企业的经济处罚，必须由国务院另行出台相关的规定。但是目前国务院尚未出台相关的规定，全国碳市场体系下也就没有设立针对企业不遵约行为的经济处罚。

因此，在不出台国务院条例或者更高层级法律法规的前提下，全国碳市场体系下设立针对不遵约企业的经济处罚措施存在极大困难。为了督促企业认真完成其遵约义务，针对中国国情，尤其是纳入企业的特点，需要从经济处罚以外的其他几个措施多方面入手，采取有针对性的综合措施，促进企业完成其在全国碳市场下的遵约义务。目前，全国碳市场体系下设立的奖惩措施，还比较原则和宽松，不足以有效督促纳入企业履行其遵义义务。建议参考国内试点碳市场的规定，除了现有规定，针对存有不遵约行为的企业，设立一些实践证明比较有效的奖惩规则，例如取消享受政府的相关优惠政策、暂停相关项目审批；优先给予履约情况较好的企业享受政府有关优惠政策，将遵约情况纳入对国有企业主要负责人的考核。但这些政策的执行部门不是国务院应对气候变化主管部门，需要与国务院其他组成部门进行密切的协调。

实践证明，较高额度的经济处罚是非常行之有效的促进企业遵约的手段，因此，建议尽早发布全国碳市场的国务院条例，并在其中设立专门条款，授权国务院气候变化主管部门对有不遵约行为的企业进行较高额度的经济处罚。同时，也建议在国务院条例中规定，国务院其他组成部门应该根据纳入企业在全国碳市场下的遵约情况采取不同的奖惩措施，以形成多部门联动、共同促进控排企业遵约的机制。

同时，为进一步促进依法实施行政处罚工作制度化、规范化、标准化，严格规范碳排放权交易行政处罚自由裁量权的行使，维护相关法人单位的合法权益，建议出台专门的文件来明确和规范针对不同违约行为的处罚规则，尽量减少主管部门在执法中的自由裁量权。

Overall scheme and key mechanisms of China's national carbon market

7 市场交易监管与价格调控

7.1 市场交易监管

7.1.1 交易监管的重要性

全国碳市场下的交易必须安全、公正、高效和透明。公正是指所有参与交易的主体都要按照规则受到同等对待，透明则是指相关的市场信息和规则应及时准确地予以公开。碳市场的交易监管制度设计直接关系到交易市场的运行质量和碳市场功能的有效发挥。

配额作为一种无形的交易标的，具有一定的大宗商品属性。大宗商品交易的主要特征有：价格波动大，供需量大，同质化、易于分级和标准化，易于储存和运输（张美玲，2018）。在设计全国碳市场交易监管制度时，既要综合考虑一般大宗商品市场中可能存在的流动性风险、价格风险、信息风险等各种风险，针对交易品种的上市、中止、取消和恢复，投资人的准入和管理，中介机构的作用和监管，市场操纵等违规交易风险设计监管制度；也要考虑碳市场中主管部门的职能、交易参与人准入和管理、交易管理机构和服务机构的管理、交易异常行为的识别与处理、不同市场的联动等特殊问题。

国内外大宗商品和金融市场都针对市场监管建立了多层次的法律制度体系，对各相关主体及其行为进行监管。欧盟已明确将碳市场纳入金融监管的范畴之中。在欧盟碳市场中，机构或个人满足以自己账户执行客户指令、提供金融服务、从事投资活动、成为做市商或者采用高频交易等条件中的任何一项，就需要遵守《金融工具市场监管规则》（MiFIR）等指令及相关金融监管的规则，包括申请金融牌照、遵循金融监管规则对于组织机构和运行等的要求。

中国的试点碳市场初期以现货市场为主，并逐步探索金融产品的创新。其运行主要受应对气候变化主管部门的监管，各试点碳市场均针对交易市场涉及的要素，包括交易所、交易参与人、交易品种、交易方式、交易规则、风险控制制度等做出了原则性规定。对于全国碳市场，国务院应对气候变化主管部门对碳市场的安全性和稳定性尤为关注，需要建立全面有效的市场监管制度。

7.1.2 交易监管体系的关键要素

全国碳市场交易监管设计中需要考虑的关键要素主要包括：监管对象、监管机构、监管方式、交易产品、交易方式、交易参与人资格、交易行为、交易信息、法律责任等。

中国全国碳市场具有几个特殊性：1）国务院应对气候变化主管部

门作为全国碳市场的主要监管机构，会同其他部门共同对其进行监管；2）全国碳市场下的交易规则统一；3）从现货市场起步，逐步扩大交易品种；4）以重点排放单位为主要参与主体，逐步扩大交易主体范围。同时，全国碳市场在运行初期可能会存在流动性较低、交易不活跃、参与主体少、波动性大、容易被操控等问题。在此情况下，更有必要采取有针对性的监管措施以保障交易的公平、公正和透明。

（1）监管对象

监管对象是指应受监管的交易主体和行为。全国碳市场中的交易监管对象包括直接参与交易的主体和各类职能机构及其从事的与交易相关的活动，包括交易管理机构、注册登记机构等市场职能机构。交易管理机构作为组织交易的平台，负责制定交易业务规则、建设和维护交易系统并监管交易行为。注册登记机构作为配额的登记平台和交易的结算平台，负责配额划转结果的登记、确认以及相应的结算风险控制。

（2）监管机构

监管机构是指行使监管职能的主体。建议国务院应对气候变化主管部门负责全国碳市场下交易活动的监督管理，地方应对气候变化主管部门依照法律法规及国务院应对气候变化主管部门的要求，对本行政区域内的相关交易活动进行监督管理。其他有关部门按照各自职责，协同国务院应对气候变化主管部门开展全国碳市场下交易活动的监督管理。交易管理机构、注册登记机构在各自职责范围内对全国碳市场下的交易活动进行监督管理。国家和地方应对气候变化主管部门履行审核、备案及监督的行政监管职能，可保留在特殊领域和紧急情况下采取限制措施的权力。各监管机构的建议监督管理内容和职责如表 7.1 所示。

表 7.1 全国碳市场下的交易监管机构及建议监管内容

监管机构	建议监管内容
国务院应对气候变化主管部门	交易管理机构、注册登记机构的相关业务活动，配额等的交易、结算、有偿发放、交易变更登记等活动，交易市场风险控制活动，交易相关信息公开情况，法律、法规规定的其他监管内容。
交易管理机构	交易管理机构依据国务院应对气候变化主管部门的要求及相关业务规则的规定对交易主体的交易活动实施监督管理。
注册登记机构	注册登记机构依据国务院应对气候变化主管部门的要求及相关业务规则的规定对登记活动实施监督管理。

（3）监管方式

监管方式是指监管采用的模式和方法。监管机构对监管对象的监管方式分为交易前、交易中和交易后监管。交易前监管主要指资格准入监管，交易中监管主要指市场行为监管，交易后监管主要指违规处置监管。试点碳市场均建立了针对交易的事前、事中、事后全过程的完整监管体系。全国碳市场中针对不同监管对象在不同环节的具体监管内容与方式建议如表 7.2 所示。

表 7.2 全国碳市场下的建议交易监管方式

监管对象	建议监管方式与内容		
	事前监管	事中监管	事后监管
交易管理机构	资格认定、业务制度批准或备案、交易品种上市。	对交易管理机构的交易监管、交易信息披露等业务工作进行监管。	对交易相关行为进行审查、对违规违约行为的处罚处置；对不适合的制度规则进行修订。

续表

监管对象	建议监管方式与内容		
	事前监管	事中监管	事后监管
注册登记机构	资格认定、业务制度批准或备案。	对注册登记机构账户管理、清算交收、风险防范控制等登记管理行为进行监管。	对登记相关行为进行审查评估；对违规违约行为的处置；对不适合的制度规则进行修订。

交易管理机构在履行自律监管职能的同时，也应接受国务院应对气候变化主管部门以及其他行业主管部门的监管。综合国内碳交易试点和金融市场经验，对交易管理机构的监管可以包括两个方面（见表 7.3）：一是组织运营层面，包括交易所的职能定位、设立与变更、经营管理等；二是业务规范层面，主要为碳市场交易业务相关制度的适当性和完整性（谢增毅，2006）。

（4）交易产品

交易产品主要是指在交易管理机构交易的标的物。建议国务院应对气候变化主管部门对可以开展的碳资产运营模式进行备案，对交易产品的上市进行审批。全国碳市场运行初期的交易产品为全国配额现货，需要通过初始阶段的运行让市场各方熟悉和理顺制度、系统、规则等，后续再逐步扩大交易产品范围。全国碳市场可借鉴国际和国内试点碳市场经验，在碳市场现货发展初期可设计质押、借碳、回购等碳资产运营管理模式以增加市场流动性，提升企业的碳资产运营能力。随着市场规模的进一步扩大、交易主体参与能力的进一步提升以及重点排放单位对碳资产风险管理要求的逐步提高，经国务院应对气候变化和其他相关主管部门批准，全国碳市场可适时以市场需求为导向，拓展远期、掉期等其他交易品种。

表 7.3　建议对交易管理机构的监管内容

监管要素		建议监管内容（详细）
组织运营层面	职能定位	组织和保障交易、市场一线监管。
	设立与变更	设立：由国务院应对气候变化主管部门及交易管理机构所在地省级人民政府向国务院申请发起设立。 变更报批事项：变更名称；变更经营范围；变更注册资本；交易场所分立或合并；对设立条件构成重大影响的其他事项；以及变更交易品种、交易模式、交易规则、主要股东。 变更报备事项：变更法定代表人、董事、监事、高级管理人员；变更住所或分支机构营业场所；变更企业类型；修改章程、风险控制制度等管理制度；对外开展合作经营；省级交易场所主管部门规定的其他变更事项。
	经营管理	日常管理规范，包括组织架构、信息汇报等。按照交易管理机构所在地交易场所管理办法执行。
业务规范层面	业务制度	交易管理机构应当制定交易规则，明确交易参与方的权利义务和交易程序，披露交易信息，处理异常情况；交易管理机构应当加强对交易活动的风险控制和内部监督管理，组织并监督交易、结算和交割等交易活动。

（5）交易方式

交易方式是指交易达成的模式和定价机制。全国碳市场采用的交易方式需要根据交易主体的特征和需求来设计，以形成公开透明的市场，初期可原则性规定采用挂牌协议转让、大宗协议转让及经国务院应对气候变化主管部门批准的其他方式进行交易。大部分试点碳市场都采用了以公开竞价（包括挂牌、定价点选等）和协议转让为主的交易方式。挂牌协议转让主要针对小额的配额交易，通过价格优先的方式进行配对成交，可以形成公开、透明、有效的市场价格。大宗协议转让主要针对达到一定规模的大宗交易，以避免大宗交易对市场价格形成冲击。不同于挂牌协议转让的交易方式，大宗协议转让只需要交易双方针对交易价格和交易数量达成一致即可成交。协议转让的交易量门槛应根据全国碳市场的规模和配额的持有情况进行设置，过低可能会分散市场交易量，降低市场流动性，不利于价格发现；过高可能会导致有需要的交易参与人无法满足要求，或造成公开交易市场出现较大波动。不同的试点碳市场根据自身的市场规模和企业对配额交易的需求设置了不同水平的协议转让门槛，比如上海将 10 万吨作为门槛。

（6）交易参与人资格

为了引入具有不同专业能力和风险承受能力的投资者以适应不同的交易品种，建议全国碳市场设立交易参与人资格准入制度。各试点碳市场的管理办法均明确了对交易参与人的基本要求，交易管理机构均设立了交易参与人资格准入条件，对机构投资者和个人分别设置了不同要求。对参与交易的机构投资者在注册资本、专业能力、经营状况等方面设立了专门的条件要求；对自然人则设立了投资经验、风险识别和承受能力、金融资产等方面的要求，使得投资人的风险承受能力和专业能力与碳市场的发展阶段相适应。

试点碳市场引入适合的投资人参与交易，一方面促进了市场的平稳健康发展，另一方面也防范和降低了不当行为造成的市场风险。此外，上海和北京等试点碳市场还对第三方核查人员以及掌握或有机会接触到碳市场交易政策制定、配额分配情况的相关人员等做出了禁止参与交易的规定。交易参与人向交易管理机构提出申请并获得交易资格后方可参与交易。

全国碳市场中对禁止参与对象的条件可与试点碳市场基本保持一

致，对于准入资格的具体要求可由国务院应对气候变化主管部门或交易管理机构制定。一般情况下，应由国务院应对气候变化主管部门制定原则性规定，由交易管理机构提出具体要求并报国务院应对气候变化主管部门备案。

（7）交易行为监管

针对交易行为监管，建议国务院应对气候变化主管部门提出原则性规定，并要求交易管理机构制定相应的交易行为监管措施及违规处罚措施。全国碳市场下对交易行为的监管主要应包括禁止市场操纵、内幕交易和关联交易。试点碳市场在相关管理办法中均规定交易管理机构可以根据异常交易行为采取相应处理措施。交易管理机构的业务规则对异常行为的类型进行了明确规定，并制定了相应的处罚处理措施。

全国碳市场中，交易行为中可能存在的主要风险包括：1）信息风险，利用所获得的不对称政策信息进行交易；2）关联交易风险，例如同一集团下属的企业等利益相关方进行关联交易和串通交易；3）价格操纵风险，利用市场流动性不足或利用配额的集中持有操纵市场价格以达到自身交易目的。

全国碳市场中的交易行为监管应包括事前、事中和事后三个环节。事前监管可对禁止交易行为的情况进行规定，例如以非正常市场价格进行交易的市场操纵、利用不对称政策信息进行的内幕交易、利益相关方的关联交易和串通交易；事中监管需要对交易过程是否存在禁止行为进行识别和判断；事后监管需要对违规行为进行评估、处理和处罚，或进一步调整相应的规定和规则。国务院应对气候变化主管部门应要求交易管理机构制定涨跌幅限制、持仓限额、限制交易等风险控制制度，对交易过程中出现的价格过度波动、垄断市场、违规操纵等行为进行风险防范。

对于参与碳交易的金融服务机构，建议国务院应对气候变化主管部门和交易管理机构参照对一般机构投资者的同等要求进行监管。建议国务院金融主管部门主要针对参与碳交易的金融服务机构的管理制度和风险监测提出要求，要求其报告持仓和盈利情况及采集相关的统计指标，对参与碳交易的金融服务机构按照要求计算净资本和风险资本准备。

（8）交易信息监管

碳市场的交易信息是指交易市场行情及可能影响市场变动的重大政策等信息。碳市场交易信息直接影响交易决策，因此对其进行规范披露和监管至关重要。为保证碳市场的交易主体能够公开、公平、公正开展交易，建议国务院应对气候变化主管部门要求交易管理机构及时、准确、完整披露交易市场有关信息。

试点地区的应对气候变化主管部门均要求交易管理机构建立交易信息管理制度，公布交易行情、成交量、成交金额等交易信息，并及时披露可能造成重大市场变动的相关信息。交易管理机构在业务规则中也建立了相应的信息公开制度，对交易行情进行实时公开，并定期发布日报、周报、月报和年报等交易相关信息。

建议国务院应对气候变化主管部门要求交易管理机构通过指定渠道及时向所有交易参与人披露交易市场信息，且不得提前向任何单位和个人泄露相关信息，交易管理机构应按要求向国务院应对气候变化主管部门报送各类报表。交易管理机构可享有交易信息采集、加工、发布、使用、管理、对外授权等权利。全国碳市场下交易信息监管的要求具体如表 7.4 所示。

表 7.4　全国碳市场下的交易信息建议监管要求

监管对象	建议监管要求（交易信息）
交易管理机构	1. 及时公布每天各交易品种通过公开交易方式成交的成交量、成交金额、最新价、最高价与最低价、开盘价、收盘价等相关信息； 2. 及时披露可能导致市场重大变动的相关信息，不得发布价格预测信息； 3. 编制交易情况月报表、季报表、年报表，包括各交易品种的成交量、成交金额、大宗交易情况等信息，报送至国务院应对气候变化主管部门； 4. 国务院应对气候变化主管部门可要求交易管理机构在指定期限内报送专项报告。

（9）法律责任和行政责任

碳市场监管中的法律责任和行政责任明确了对违反市场监督管理各项规定的行为主体进行的相关处理和处罚，包括交易参与人责任、交易管理机构责任、注册登记机构责任及其从业人员责任。试点碳市场的管理办法均设立了相关规定，对交易所未按照规定公布交易信息、违反规定收取交易手续费、未建立并执行风险管理制度、未按照规定向主管部门报送有关文件资料、透露交易相关保密信息等行为予以处罚。对于交易所及其工作人员违反法律法规规章及管理办法规定的，责令限期改正；对交易主体造成经济损失的，依法承担赔偿责任；构成犯罪的，依法承担刑事责任。

在全国碳市场中，针对交易管理机构未按规定建立相应制度或信息报告、涉及违规操作和信息泄露及交易参与人从事操纵市场等违规交易，建议国务院应对气候变化主管部门采取责令改正、通报批评、经济处罚、行政处罚等措施，对于违规情节严重的，违规者还应承担民事和刑事法律责任。

7.2 价格调控

在碳市场设计中，市场调节机制的设计不仅要考虑体系排放总量，也应充分考虑配额价格。碳价是碳市场中减排成本的体现，可以为政策制定提供重要参考，也是引导市场参与者减排投资的重要信号。为了在较长时期内将碳价水平稳定在合理范围内，全国碳市场应引入市场价格调控机制。分析表明：

1）全国碳市场应选择碳价水平作为实施市场调节的触发条件；

2）全国碳市场应考虑综合使用设置拍卖底价、以价格触发的临时拍卖及配额回购等三种方式实施市场调节；

3）合理的碳价下限能够更有效地支撑国内节能降碳约束性目标的实现；

4）国务院应对气候变化主管部门应设立配额储备账户

并进行资金储备，综合协调交易平台等相关机构，提高市场调节的工作效率。

7.2.1 价格调控规则

（1）价格调控的定义

碳市场中的市场调节机制是指政府为了使碳价水平长期稳定在合理的范围内而采取的调节措施。广义上讲，所有会影响市场中配额供给和需求的因素都可以影响市场价格。例如，调整体系排放总量目标、更改存储和遵约规则、更改抵销机制、配额回购及配额增发规则等。但这一定义的研究针对性不足，因为它几乎涉及体系设置的各个方面，范围太广，而且调节碳价可能只是某些规则设计或改进的多个目的之一，尤其是跨交易期的规则更改。考虑到目前全国碳市场仅有现货市场，本研究只针对狭义的市场调节机制进行分析，即只研究碳市场体系中现货市场中某一交易期内政府针对碳价过高、过低或其他触发条件而采取的特定调节措施。本研究中所指的市场调节机制也不包括涨跌幅限制、熔断[1]等金融市场常用的风险防控机制。

（2）价格调控的触发条件

综合国内外碳市场在市场调节机制规则设计的理论和实践经验，市场调节机制设计的关注点主要聚焦于市场调节的触发条件和具体调节方式。其中，可使用的市场调节触发条件包括：剩余配额量、价格水平、价格趋势、宏观经济指标和生产指标等。但实际情况中，出于对调控的

[1] 熔断机制，也叫自动停盘机制，是指当股指波幅达到规定的熔断价格时，交易所为控制风险采取的暂停交易措施。

精确性、数据的可获得性等考虑，最常被使用的触发条件是碳价水平和剩余配额量。调节方式可分为配额回购[1]及配额增发、设置拍卖保留价格和最高价格、调整遵约要求等。在触发条件方面，除欧盟碳市场外，所有碳市场都选择以价格水平作为触发条件。欧盟未选择这种做法的主要原因是在市场机制中缺乏对政府价格干预的支持。

（3）价格调整方式

从调节方式来看，配额回购及配额增发、设置拍卖保留价格和最高价格、调整遵约要求三种方式在实践中都得到了运用。如果存在拍卖市场，使用得最多的市场调节方式是设置拍卖底价，主要是出于两方面原因：一是设置拍卖底价的实施成本最低；二是各碳市场目前遇到的主要问题还是配额超发，而设置拍卖底价可以对配额发放量进行比较有效的控制。其次是配额增发，且主要通过预留拍卖配额的方式来实施。所有规定了配额增发具体方式的碳市场，都选择了高价触发拍卖的模式，即配额增发主要起到限制价格上涨的作用。

欧盟碳市场的拍卖没有价格触发机制。但如果富余配额低于一定门槛，将从市场稳定储备（market stability reserve，MSR）中释放出来一定量配额并在拍卖中出售。在中国的碳市场试点中，只有北京和深圳试点提出以政府回购来提高市场价格，及以降低市场价格的方式。其他碳市场未设置政府回购，其原因主要是政府回购的具体实施难度大；但设置了储备配额和拍卖底价。这一政策组合已经可以较好地对市场的价格水平进行调控。此外，RGGI、新西兰和上海碳市场也采用过通过调整遵约要求进行市场调节的方式。

在实施市场价格触发的调节措施时，应尽量保证规则的透明性和稳定性，尽量避免实施临时性的措施。因为临时性措施可能会引起市场参

[1] 配额回购是指主管部门在配额市场价格过低时利用相关政府财政资金购买配额。

与者较大的反弹，降低市场规则的可信度，从而影响市场各方对未来市场稳定性的预期。除市场调节机制外，为将碳价水平稳定在合理范围内，建议定期对市场运行情况进行评估，并据此调整下一阶段的总量目标、配额分配和遵约规则。

7.2.2 价格下限情景分析

在确定了使用市场价格触发的调节措施后，如何确定合理的价格上下限成为最需要解决的关键问题。碳排放交易体系已经成为中国实现其国内节能降碳约束性目标和其 NDC 减排承诺的重要政策工具。区别于全球其他国家或地区的碳市场设计机制，全国碳市场的配额总量设定较为灵活，配额总量与单位 GDP 碳排放和活动水平相挂钩。因此，如果中国经济增长较快，碳市场配额总量将允许有所上升。为了在经济增长、技术进步和可再生能源发展等不确定性条件下，仍保证碳市场的碳价格信号足够支撑中国顺利实现其国内外碳减排目标，设立配额市场价格下限非常重要。

本研究利用 C-GEM 模型，采用情景分析方法，模拟了各种不确定性条件下未来中国的碳价路径，并分析了如何设置碳价下限可以更好地保证中国实现其碳减排目标。

（1）情景设计

考虑了三种不确定性因素：未来 GDP 增长率、自主能源效率提高参数（AEEI）因子和可再生能源补贴政策。这些不确定性因素影响着中国未来的 CO_2 排放路径和非化石能源的发展，进而影响中国是否能够实现其国内节能降碳约束性目标和国际应对气候变化减排承诺目标。

首先考虑中国未来经济增长的不确定性。设计了未来中国经济增长的三种情景：低经济增长情景（**lgdp**）、高经济增长情景（**hgdp**）和中经济增长情景（**mgdp**）。低经济增长情景的 **GDP** 增速取图 **7.1** 中所有预测结果的各年最低值，高经济增长情景的 **GDP** 增速取图 **7.1** 中所有预测结果的各年最高值，中经济增长情景的 **GDP** 增速取高低两个情景的中间值。

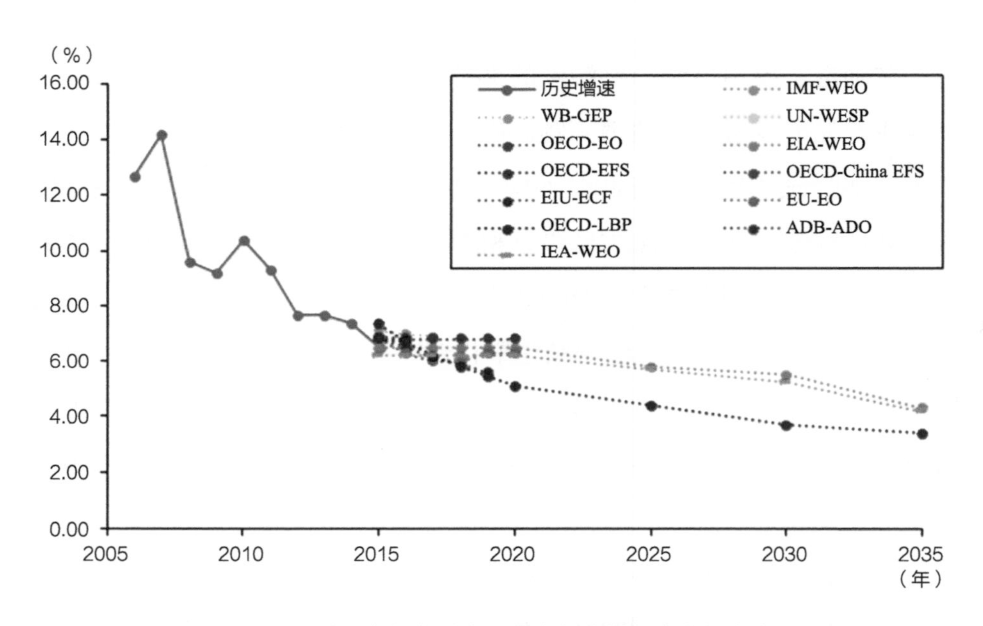

图 7.1　不同研究机构对中国未来经济增长速度的估计

第二个不确定性因素考虑的是 **AEEI** 因子。**AEEI** 因子代表的是在没有任何政策干预的情况下能源效率的提升速度，反映技术进步、技术扩散等多重因素带来的能源效率的提升。针对该不确定性因素，本研究考虑了三种情景：低 **AEEI** 因子情景（**laeei**）、中 **AEEI** 因子情景（**maeei**）和高 **AEEI** 因子情景（**haeei**）。根据文献调研，中 **AEEI** 因子情景的

AEEI 因子取值为 1%，低 AEEI 因子情景和高 AEEI 因子情景的取值分别为 0.5% 和 1.5%。

第三个不确定性因素考虑的是中国未来可再生能源发展政策。针对可再生能源补贴政策，开发了三种情景：低可再生能源情景（lre）、高可再生能源情景（hre）和中可再生能源情景（mre）。中可再生能源情景假设 2020—2030 年补贴率为 25%，低可再生能源情景和高可再生能源情景分别在 25% 的基础上减半和加倍，分别为 12.5% 和 50%。

综上，基于以上每个影响因素的三种情景，设计了 27（3×3×3）种不同的情景。为了得出减排目标下可能的碳价路径，采用 C-GEM 模型模拟碳强度下降约束的方法来实现。过去十多年中国 GDP 碳强度的年均下降率大多在 4%~6%，因此本节设定年均碳强度分别下降 4%、5% 和 6% 的约束，对上述 27 种情景均给出 3 条碳价路径（27×3=81 条路径），并检验是否能够实现碳减排目标。

针对这 27 种情景，在 4%、5% 和 6% 的三条路径下选取能够实现全部目标的最低碳价路径，从而得到 27 条碳价路径，并将这 27 条碳价路径从低到高按序排列。选择 27 条路径上各年的 90 分位点作为未来碳价格的下限值，即考虑上述三种不确定性因素在一定范围内变动的情况下，此价格能够以 90% 的概率实现中国节能降碳约束性目标。

（2）结果与分析

本节主要展示 27 种情景的模拟结果，主要包括 CO_2 排放和碳价路径。图 7.2 展示了所有能够实现国内外碳减排目标的情景下的 CO_2 排放路径。由于多种排放路径结果相似，因此所有结果可以归集为图 7.2 中的 6 条路径。

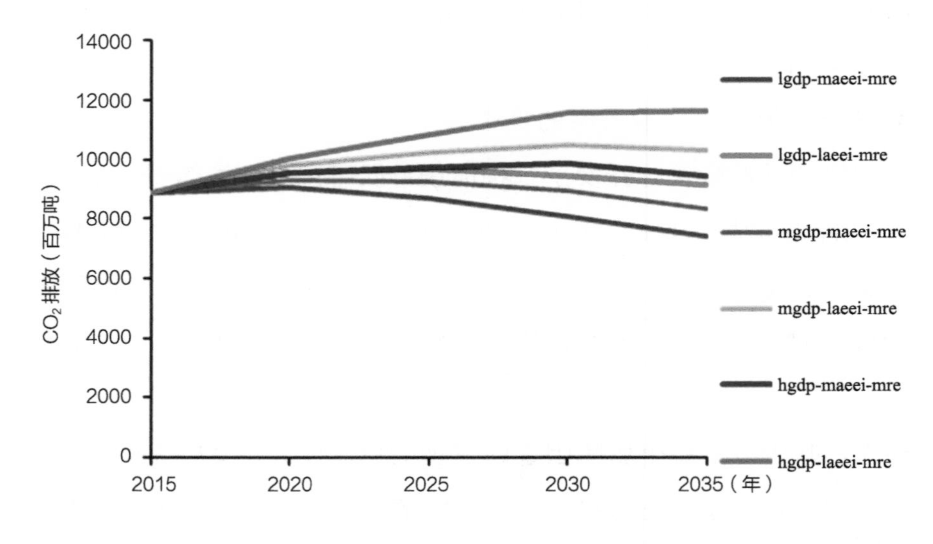

图 7.2　27 种情景下 CO_2 排放路径

注：许多情景的排放差异较小，重叠显示。

图 7.3 展示了 2020—2035 年配额价格的分布。如图所示，每种颜色的方块表示特定年份 27 种情景下的碳价分布。将相应时间区段的所有碳价从低到高排列时的 90 分位值作为碳价的下限值，得到碳的下限价格为 2020 年前约 4.0 美元 / 吨，2021—2025 年约 7.6 美元 / 吨，2026—2030 年约 11.7 美元 / 吨（均为 2011 年不变价）。该价格下，中国将有 90% 的机会实现其节能降碳约束性目标。同时，与其他研究相比，本节的研究结果也在其他研究结果的范围内。

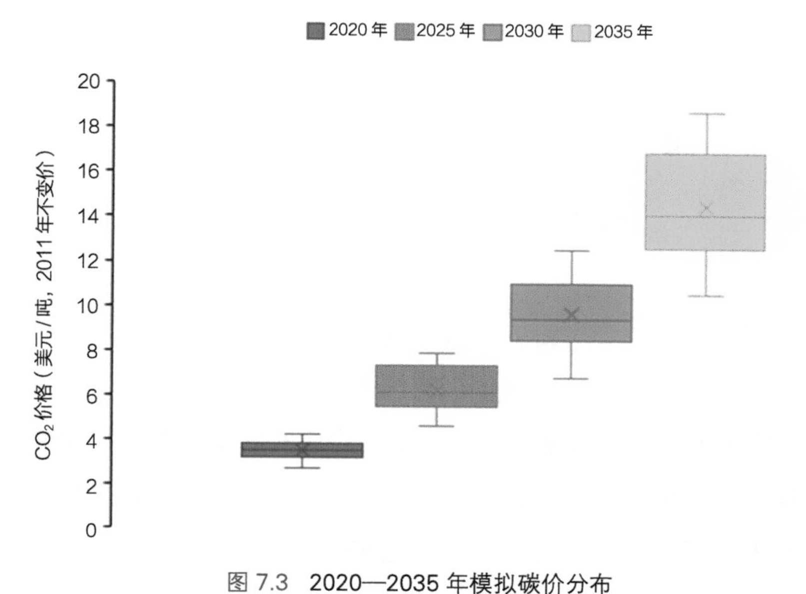

图 7.3　2020—2035 年模拟碳价分布

7.2.3 实施价格下限调控方法的相关政策建议

（1）实施过程

当市场价格过高时，配额储备账户向市场投放配额，获得的配额收益存入市场调节基金；当市场价格过低时，利用市场调节基金中的资金回购配额，并将得到的配额存入配额储备账户，实施流程如图 7.4。遵约期结束时，将配额储备账户中的配额进行清空，资金储备中的资金则继续用于下一遵约期的市场调节。

（2）实施机构

市场调节机制是碳市场运行的一个补充机制，市场调节的实施机构应与参与体系监督管理的其他相关机构相协调，避免单独设立机构，与其相关的机构间的关系主要如下：

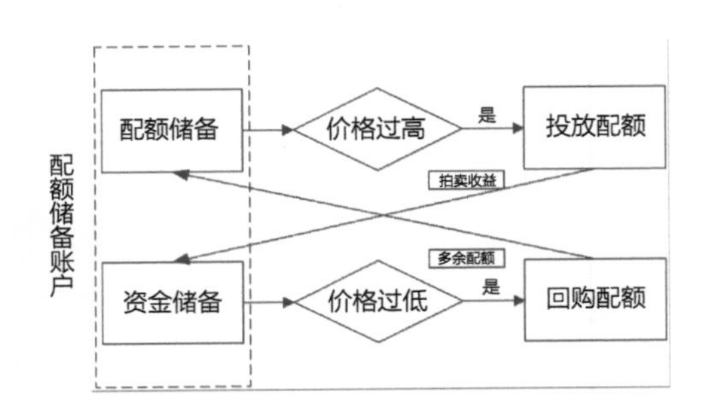

图 7.4 碳价调节实施流程

1）交易平台与价格调控机构。交易平台应实时记录并提供价格信息，当市场碳价出现短期不合理的波动时，应暂停交易并协同价格调控机构调查其产生原因。当市场价格过高或过低时，公开市场操作也需要通过交易平台实现。

2）注册登记系统和价格调控机构。实施碳价调节需要在注册登记系统中设立市场调节储备账户，国务院应对气候变化主管部门作为该账户的所有者，可以自己进行该账户的操作，或指定专门机构进行操作。

3）配额投放平台和价格调控机构。配额价格过高时，价格调控主管机构进行配额投放的方式可有两种。一是通过拍卖平台实施拍卖，二是直接将配额储备账户中的配额通过交易平台投入市场。第一种方式更为公开且正式，但涉及的机构较多且规则较复杂，成本较高；第二种方式较简单，成本较低，但政府操控市场的特征更为明显，可能会影响参与者的接受程度。

4）结算和交收平台与价格调控机构。市场调节操作是特殊情况下市场调节机构以稳定碳价水平、维护市场机制为目的的一种特殊的配额交易行为，同普通参与者之间的常规交易一样，也需要在结算和交易平台上进行配额和资金的转移和记录。

8 支持全国碳市场建设行动与实践

Overall scheme and key mechanisms of China's national carbon market

8.1 支持国家政策制定

项目重点开展了全国碳市场覆盖范围，总量设定，配额分配方法，补充机制，监督管理体系，监测、报告与核查体系等方面研究，为全国碳市场制度设计提供了技术支撑和政策建议。项目的成果转化水平较高，在技术层面为《碳排放权交易管理暂行条例（征求意见稿）》《全国碳排放权交易市场建设方案（发电行业）》《全国碳排放权交易总量设定与配额分配方案》《全国碳排放权登记交易结算管理办法》《中国发电企业温室气体排放核算方法与报告指南》等政策法规和标准的制定提供了支撑。本项目的一系列产出成果也被国务院应对气候变化主管部门采纳，这些产出包括《全国碳排放权交易覆盖行业及代码》《全国碳排放权交易企业碳排放汇总表》《全国碳排放权交易企业碳排放补充数据核算报告模板》《全国碳排放权交易第三方核查机构及人员参考条件》《全国碳排放权交易第三方核查参考指南》等。

专栏 10

发电、水泥、电解铝行业配额分配试算

中国 PMR 项目在科学研究的基础上，广泛开展调研和论证，进而提出政策建议。以配额分配政策建议的提出为例，2017 年 5 月，项目在四川和江苏开展了电力、水泥、电解铝 3 个行业的配额分配试算工作，共召开了 42 次会议，举办了约 800 人次参与的配额分配培训会。

经过试算工作，使得地方应对气候变化主管部门、行业协会及控排企业等参与各方进一步认识到了建设全国碳排放权交易市场对推动中国加强控制温室气体排放的重要性，项目提出的《全国碳交易市场配额分配方案 (讨论稿)》中建议的分配方法学也得到了各方面认可。参与试算的重点排放单位普遍认为基准法分配方法简单，可操作性强。绝大多数参会企业都掌握了正确的配额核算方法，计算出了预分配额量，并预测了配额盈缺，验证了配额分配方法的有效性。央企集团由于长期跟踪碳排放权交易机制，大部分有专门的部门和人员协助集团下属企业开展培训和核算工作，具有较好的基础，准备工作充分，试算工作顺利。

同时，参与试算的各方也对配额分配方法提出了建议，建议包括：在确定配额分配行业基准值时，充分考虑地方差异和行业差异；在分配配额时采取“事前分配与事后调整相结合”的方式；将 CCER 尽快纳入全国碳市场；采取措施提升企业温室气体排放监测管理水平；建议修改电力、水泥、电解铝配额分配方法中的修正系数，等等。

8.2 提升地方主管部门管理能力

（1）确定项目执行地区

地方应对气候变化工作队伍是推动全国碳市场建设的重要支撑，是全国碳市场各项政策措施有效落实的重要保障，他们参与碳市场的能力是决定全国碳市场能否能够有效开展的重要因素。中国 PMR 项目聚焦为解决全国碳市场推进过程中的重点难点问题发挥了示范作用，根据全国各省市能源结构、产业结构和碳市场试点现状等因素，在全国范围内选取了山西、内蒙古、辽宁、黑龙江、山东、重庆六个省市，对其应对气候变化工作队伍开展能力建设工作。

专栏 11

中国 PMR 项目支持开展能力建设的地区

项目执行地区	地域和产业特点	能源供给和消费	是否试点
山西	位于华北地区，资源型省份。煤炭、电力等能源行业为其主导行业，产业结构以能源原材料产业为主导。随着资源枯竭，经济转型压力较大。	煤炭生产和输出大省，占全国省际煤炭净调出量的80%，煤炭消费占一次能源的比重高达近 85%，高出全国水平，单位 GDP 能耗是全国平均水平的 2 倍。	否
内蒙古	位于华北地区，第二产业增长迅速，且以能源资源型为主，2018 年电厂装机容量 1.23 亿千瓦，发电量 5003 亿千瓦·时，居全国前列。	国家重要的能源基地，煤炭资源量 9120 亿吨，能源消费以煤炭为主。	否
辽宁	位于东北地区，老工业基地。工业占比高，能源消耗大，战略新兴产业发展滞后，经济增速低于全国平均水平。	煤炭和石油产量持续下降，原油加工量上升；能源消费以煤炭为主，石油消费量上升，非化石能源消费比重低。	否
黑龙江	位于东北地区，老工业基地。以资源能源和重化工业为主体，结构升级滞后，经济增速低于全国平均水平。	煤炭和石油资源面临枯竭，能源消费以煤炭为主，非化石能源消费严重偏低。	否
山东	位于华东地区，经济大省。产业结构特别是二次产业结构偏重，轻重工业比例接近 3 ： 7，六大高耗能行业能耗占规模以上工业能耗的比重较高，受制于能源消费总量和碳强度下降压力，近年积极推动新旧动能转换。	能源消费总量居全国前列，化石能源消费在整个能源消费总量中占比超过 95%，煤炭消费约占化石能源消费总量的 80%。	否

续 表

项目执行地区	地域和产业特点	能源供给和消费	是否试点
重庆	位于西南地区，中西部唯一直辖市，经济发展较快，城乡差距突出。第二产业比重持续下降，逐步向高新产业转型，第三产业比重超过50%。	煤炭和非化石能源在一次能源消费占比中持续优化，但能源强度和碳排放强度略高于全国平均水平。	是

（2）支持地方确定重点排放单位名单

明确重点排放单位名单报送要求。根据国务院应对气候变化主管部门发布的对重点排放单位的要求，考虑基准年、排放量门槛、行业范围、产品类别等维度，以明确地方确定重点排放单位的具体要求，为准确、完整地开展名单报送奠定基础。

规范重点排放单位名单确定方式。中国 PMR 项目根据项目执行地区的部门分工及其对重点排放单位管理的特点，协助地方应对气候变化主管部门制定了符合实际、操作性强的重点排放单位确定流程，保证了各省（市）上报名单的合规性、准确性和完整性。项目的执行也为其他省（市）重点排放单位名单的确定提供了有益的经验参考。项目执行省（市）的优良做法主要体现在以下三个方面：

1）探索地方应对气候变化主管部门确定重点排放单位名单的程序，确保相关各方达成共识。省级应对气候变化主管部门根据其部门分工和行政层级，制定合理的工作流程，保证各省级相关部门和省级以下应对气候变化主管部门在充分理解纳入要求的基础上，对最终确认的名单意见一致，形成共识。

2）发挥横向部门的作用，确保名单完整性。将省（市）统计主管部门收集的规模以上工业企业综合能源消费量统计数据、节能主管部门收集的“百千万”重点用能单位能耗数据和开展工业企业节能诊断收集的企业能耗数据等多种渠道收集的数据进行横向交叉核对，保证上报的名单完整、无遗漏。

3）调动纵向系统的职能，确保名单准确性。发挥省级以下应对气候变化主管部门的作用，在地（市）、区（县）层面对拟定的名单开展就纳入标准的符合性、存续情况、生产情况等信息进行进一步核对，提高报送名单的准确性。

（3）支持地方完善核查工作体系

中国 **PMR** 项目支持地方应对气候变化主管部门在《排放监测计划审核和排放报告核查参考指南》指导下，进一步完善核查工作体系，主要包括以下三个方面：

1）细化核查工作规范。进一步细化核查工作要求。对核查的工作流程进一步细化和明确，对企业基本情况、核算边界、核算方法、活动水平数据、排放因子数据、补充数据表及监测计划执行等关键点提出具体的核查方法及报告要求。

标准化核查报告和监测计划审核报告模板。根据核查工作参考指南和行业核算与报告指南的要求，借鉴各省（市）核查过程中的良好做法，制定核查报告和监测计划审核报告模板，推动核查工作的标准化和规范化。

制定核查常见问题指导手册。全面梳理和总结各省（市）历年在核查工作中出现的问题，参照全国碳市场帮助平台的解答并根据各省（市）重点排放单位的行业特点，编制核查工作常见问题指导手册，指导核查工作实践，并为下一步完善各行业核算与报告指南提供参考。

加强对核查机构的管理。参照国内外核查机构管理经验，结合项目执行省（市）核查工作过程中出现的问题，在核查机构利益冲突管理、核查全过程管控等方面制定核查机构管理制度，为提高核查工作质量提供制度保障。

2）细化核查机构遴选方式。充分借鉴试点地区和其他省（市）在核查员及核查机构遴选方面的良好做法，根据自身特点确定本省（市）核查员及核查机构遴选的方式，选择高水平的核查员和核查机构开展第三方核查工作，为上报的重点排放单位碳排放数据的质量提供技术保障。

3）推动开展复查工作。中国PMR项目执行省（市）通过项目的执行，选取一定比例的2016—2017年度碳排放核查报告进行复查。通过项目实施，确定了复查名单选取原则、复查工作流程、复查结果分析和评价方法、复查问题反馈渠道等，建立了系统化的复查工作体系，形成了评价机制和问题反馈机制，增强了对核查机构的约束力，进一步提升了核查报告和监测计划审核报告的质量及数据的准确性。

（4）提升遵约监管能力

各省（市）在《全国碳排放权交易管理暂行条例（征求意见稿）》和《碳排放权交易管理暂行办法》框架下，结合国内外碳市场的经验，从遵约管理要求与工作安排、重点排放单位配额变更、碳信用项目类型的选择、碳信用使用比例确定、遵约处罚机制和执法机构设置等方面，建立和完善了各自的遵约管理办法，提升了地方遵约的管理能力，为全国碳市场的运行提供保障。

项目为全国碳市场的遵约管理提供以下了建议：

1）国务院应对气候变化主管部门应尽快颁布和完善有关碳市场顶层设计的相关规定，包括遵约管理的政策法规等；

2）国家和省级政府主管部门应当研究建立碳市场利益相关者信用评估体系，并建立重点排放单位和核查机构的双向评估机制；

3）国务院应对气候变化主管部门应协调国家发展改革委、人民银行等部门将碳市场遵约情况纳入社会信用体系和金融征信体系。

（5）支持地方建立能力建设长效机制

通过项目的实施，各省（市）通过组织能力建设实践活动，建立了碳市场能力建设实施和评估体系，主要成效包括：提升了碳市场参与能力、建立了专家库、编制培训教材、建立了评估体系，为全国碳市场的各项政策在地方落地提供了重要的能力保障。

（6）探索试点碳市场和全国碳市场衔接模式

项目系统总结和分析了重庆市开展试点碳市场的经验，在研究了重庆市试点碳市场与全国碳市场衔接模式的基础上，提出了在全国碳市场启动后各试点碳市场如何融入全国碳市场和推进试点碳市场持续健康运行的建议，主要包括以下三方面：

1）系统总结了重庆市碳市场试点建设和运行情况。从政策框架设计和市场运行情况角度，系统分析了碳市场对全市节能降碳的作用，从纳入主体范围、配额总量设定、核查工作机制、核证减排量和遵约管理等方面系统总结和分析重庆碳市场运行的亮点和存在问题，为全国碳市场建设和试点碳市场向全国碳市场过渡提供了政策建议。

2）提出试点碳市场融入全国碳市场措施建议。按照《全国碳排放权交易市场建设方案（发电行业）》中全国碳市场建设的进度安排，结合试点市场现状，重点在配额结转方式及全国和地方两个层面碳市场运行机制等两个方面提出试点碳市场融入全国碳市场的措施建议。

3）提出试点碳市场下阶段调整和发展思路。结合全国碳市场建设政策框架设计和重庆市试点碳市场存在问题，从积极融入全国碳市场、调整覆盖范围、完善核算与报告方法、调整配额分配和引入配额拍卖机制、加强碳金融创新和持续开展能力建设等方面，提出新形势下试点碳市场建设和发展的思路。

研究表明，国务院应对气候变化主管部门应尽快出台相关政策明确试点碳市场配额处理原则和全国碳市场启动背景下试点碳市场的发展要求和定位等，为试点碳市场在向全国碳市场过渡阶段的平稳运行提供政策保障。

8.3 提高企业参与碳市场能力

本项目对地方应对气候变化主管部门、行业协会、重点排放单位、技术支撑机构、第三方核查机构、交易机构、金融机构和碳资产管理机构等开展了深入的能力建设培训，提高了各类参与主体对全国碳市场工作原理和工作安排的认识，增强了企业参与全国碳市场的能力。

8.3.1 分地区系列培训

2019 年 10 月 22 日至 12 月 8 日，生态环境部应对气候变化司在全国各地举行了“碳市场配额分配和管理系列培训”活动（共 17 期）（见图 8.1）。本次培训参与者涵盖了各省、自治区、直辖市和新疆生产建设兵团的应对气候变化主管部门的相关领导和电力企业代表，累计约 1550 家电力行业企业参加了培训（附录 4）。中国 PMR 项目承担单位为本次培训设计了课程体系（附录 5）、编写了培训教材，且多名项目参与人员作为培训讲师参加了所有场次的培训任务。本次培训内容主要包括：参与碳市场工作动员、国际碳交易经验分享、全国碳市场建设相关文件解读、碳市场数据管理体系介绍、企业碳资产管理经验分享、碳信用项目介绍、配额试算、交易模拟等。

图 8.1　四川成都“碳市场配额分配和管理系列培训”

针对专业性较强的 MRV 体系，编制了相关培训教材，包括以下六个方面的内容：监测、报告与核查能力建设培训 PPT，《低碳政策汇编》《碳交易概述》《监测、报告与核查体系剖析》《国家重点行业企业温室气体核算报告指南解析》《温室气体排放核查认证标准与实践手册》等。同时，分片区在全国近 20 个省市举办共约 20 场次的小规模能力建设培训活动，累计培训 4262 人次（附录 6）。

8.3.2 分行业系列培训

针对企业在参与碳交易相关能力建设方面的实际需求，先后与国际排放交易协会（IETA）、中国石油和化工联合会、中国有色金属工业协会、中国建筑材料联合会、中国轻工联合会等机构密切合作，设计并开展了8场大规模的能力建设培训活动，详见附录7（图8.2）。能力建设培训内容主要包括全国碳交易相关政策法规宣传、碳交易知识普及、国内外碳交易及碳资产管理经验分享、碳市场模拟交易实践等，并进行了现场问卷调查。参加培训的企业覆盖电力、石化、化工、有色金属、建材、钢铁、造纸、航空等八大行业，累计参会企业数量超过200家，培训人数达1000人次以上。通过一系列不同行业、不同形式、不同层级的能力建设活动，有效提升了企业对全国碳市场相关政策的认识，对充分调动央企参与全国碳市场的积极性与主动性，促进企业开展集团内部相关行动部署发挥了重要的作用。

全国碳市场的健康运行需要交易机构、金融机构和碳资产管理公司的积极参与。项目在全国层面和六个地方层面的能力建设活动中，在课程设计方面，除全国碳市场政策设计和配额分配等相关通用课程外，还针对交易机构、金融机构和碳资产管理机构增加了全国碳排放权交易系统、登记系统和结算系统的设计，碳金融及碳资产管理等方面的课程。在师资安排方面，邀请了全国碳市场登记簿系统和交易系统的牵头机构、试点地区交易机构和碳金融和碳资产管理机构的从业人员为相关全国碳市场参与主体授课。在组织安排方面，组织各省市交易机构、碳市场相关金融机构、碳资产管理机构和咨询机构积极参与能力建设活动。

经过对以上几类碳市场参与主体的能力建设，提高了各类参与主体对全国碳市场功能定位、政策框架和总体工作安排的认识和了解，提高了其结合自身职能定位筹备和参与全国碳市场的能力。为提高全国碳市场配额流动性和市场的稳定性、发挥碳定价的功能及保障市场的健康运行提供了重要的保障。

图 8.2　全国碳市场重点行业企业高层培训研讨会现场

9 结论与展望

Overall scheme and key mechanisms of China's national carbon market

中国是世界上最大的碳排放国，应对气候变化任务十分艰巨，需要持续有效的政策机制加以推动。建立全国碳市场是中国应对气候变化政策与机制的重要创新，其主要目的是更多利用基于市场的手段，以更低的经济成本，履行应对气候变化的国际承诺，促进经济低碳转型发展。中国是世界上最大的发展中国家，高能耗产业比重较高，协调经济增长和碳排放控制难度大，市场机制作用尚未在能源和电力部门得到有效发挥。

全国碳市场设计应遵循以下原则：碳市场一般性理论与中国的实际相结合；碳市场设计与宏观经济改革政策相一致；统筹好近期与长远、效率与公平之间的关系；统筹好全国碳市场与地方碳市场试点和全球碳市场发展的关系；统筹好全国碳市场建设与电力市场化改革之间的关系。

根据本项目研究成果，初期的全国碳市场具有如下特点：

1）全国碳市场碳排放总量是由体现碳减排目标要求的行业碳排放强度基准值和实际经济产出共同决定的，基于强度目标是一个可预估的、有一定灵活性的总量，而不是一个固定的总量；

2）不仅要控制化石燃料燃烧产生的直接碳排放，也要控制电力和热力使用的间接碳排放，这和欧美国家和地区已建成的碳市场只控制直接碳排放不同；

3）中国发电行业配额分配以免费为主、拍卖为辅，而欧美国家和地区已建成的碳市场中的电力行业配额分配以拍卖为主；

4）中国配额分配方法采用企业当年产品产量，不同于欧洲采用历史某一年份产品产量。

全国碳市场建设所涉及的问题十分复杂，建设任务十分艰巨，这就决定着全国碳市场建设不可能一蹴而就，而是一个分阶段的和不断发展完善的长期工程。

全国碳市场建设可以分为近期和未来两个阶段。

近期，主要任务是全面完成碳市场“三大制度”和“三大系统”的建设。“三大制度”是指配额总量设定与分配制度、交易制度，以及监测、报告与核查（MRV）制度；“三大系统”是指注册登记系统、配额交易系统和结算系统。同时，建议推动出台碳市场管理条例，将全国碳市场的关键制度法律化，并制定出台一系列支撑碳市场运行的规章、规则和管理办法。建议以发电、水泥和电解铝行业为对象，开展全国碳市场配额试算，启动发电行业的交易，完成支撑市场运行的“软件”和“硬件”的检验。关于配额分配方法，近期建议采用基于行业排放基准值的免费配额分配方法，同时建议积极研究基于拍卖的配额分配方法和配额抵销机制。此外，建议继续鼓励地方试点碳市场运行，并探索地方试点与全国碳市场的衔接关系。

未来，建议根据全国低碳发展目标进展情况和新要求，进一步研究设定全国碳市场配额总量的科学方法。配额分配可能不仅包括以基于行业碳排放基准法为主的免费配额分配方法，还应适时引入拍卖等配额有偿分配方法，不断提高配额有偿分配的比例。在中国的电力市场机制建设基本完成后，可考虑对发电行业主要采用拍卖配额分配方法。全国碳市场覆盖范围可以扩大到石化、化工、钢铁、造纸、民航等高耗能行业，并进一步扩大行业覆盖范围和降低企业门槛，提高碳市场管理的碳排放占全国碳排放总量的比重。引入抵销机制，适时引入控排企业之外其他投资者参加交易，适时扩大交易产品品种，如碳期货、期权等交易产品。适时启动碳排放总量控制下的碳交易制度设计和试点探索工作。积极研究并适时开展与全球其他碳市场的连接工作。

附录

附录 1 中国 PMR 项目列表

子项目任务编号	子项目名称
PMR-1	中国碳市场“覆盖范围、总量设定、配额分配方法和补充机制研究”
PMR-2	中国碳市场“管理办法、管理机制和监管体系研究”
PMR-3	中国碳市场“监测、报告与核查体系研究”
PMR-4	中国碳市场“登记注册系统研究”
PMR-5	中国碳市场“中央企业参与全国碳排放交易问题研究”
PMR-6	中国碳市场“电力企业参与全国碳排放交易关键问题研究"
PMR-7	内蒙古参与碳排放权交易关键问题研究
PMR-8	黑龙江参与碳排放权交易关键问题研究
PMR-9	辽宁参与碳排放权交易关键问题研究
PMR-10	山东省参与碳排放权交易关键问题研究
PMR-11	山西参与碳排放权交易关键问题研究
PMR-12	重庆参与碳排放权交易关键问题研究
PMR-AF1	全国碳市场行业基准线深化与更新研究
PMR-AF2	全国碳市场注册登记系统和交易系统建设运维评估监管及与地方系统衔接研究
PMR-AF3	全国碳市场运行监管机制研究
PMR-AF4a	碳排放权交易机制与气候投融资政策协调研究
PMR-AF4b	气候投融资发展环境研究
PMR-AF5	全国碳市场交易产品发展路线图研究
PMR-AF6	碳交易典型案例研究
PMR-AF7	碳排放数据报送系统建设

续 表

子项目任务编号	子项目名称
PMR-AF8	重点单位核算报告指南修订研究
PMR-CN-001	项目评估 ICR（中英文）+ 绩效评估（中文）
PMR-CN-002	综合报告
PMR-CN-005	通过地市级及以下生态环境监管和执法队伍开展碳市场数据核查试点研究

附录 2　八大行业温室气体排放报告补充数据表清单

序号	2013—2015 年度	2016—2017 年度	2018 年度
1	发电企业______年温室气体排放报告补充数据表	发电企业 2016（2017）年温室气体排放报告补充数据表	发电企业 2018 年温室气体排放报告补充数据表
2	自备电厂______年温室气体排放报告补充数据表	自备电厂 2016（2017）年温室气体排放报告补充数据表	自备电厂 2018 年温室气体排放报告补充数据表
3	电网企业______年温室气体排放报告补充数据表	电网企业 2016（2017）年温室气体排放报告补充数据表	电网企业 2018 年温室气体排放报告补充数据表
4	水泥生产企业______年温室气体排放报告补充数据表	水泥生产企业 2016（2017）年温室气体排放报告补充数据表	水泥生产企业 2018 年温室气体排放报告补充数据表
5	平板玻璃生产企业______年温室气体排放报告补充数据表	平板玻璃生产企业 2016（2017）年温室气体排放报告补充数据表	平板玻璃生产企业 2018 年温室气体排放报告补充数据表
6	钢铁生产企业______年温室气体排放报告补充数据表	钢铁生产企业 2016（2017）年温室气体排放报告补充数据表	钢铁生产企业 2018 年温室气体排放报告补充数据表
7	电解铝企业______年温室气体排放报告补充数据表	电解铝企业 2016（2017）年温室气体排放报告补充数据表	电解铝企业 2018 年温室气体排放报告补充数据表
8	其他有色金属冶炼和压延加工业企业（铜冶炼）______年温室气体排放报告补充数据表	其他有色金属冶炼和压延加工业企业（铜冶炼）2016（2017）年温室气体排放报告补充数据表	其他有色金属冶炼和压延加工业企业（铜冶炼）2018 年温室气体排放报告补充数据表

续 表

序号	2013—2015 年度	2016—2017 年度	2018 年度
9	石油化工企业（原油加工）______年温室气体排放报告补充数据表	石油化工企业（原油加工）2016（2017）年温室气体排放报告补充数据表	石油化工企业（原油加工）2018 年温室气体排放报告补充数据表
10	石油化工企业（乙烯生产）______年温室气体排放报告补充数据表	石油化工企业（乙烯生产）2016（2017）年温室气体排放报告补充数据表	石油化工企业（乙烯生产）2018 年温室气体排放报告补充数据表
11	化工生产企业（电石生产）______年温室气体排放报告补充数据表	化工生产企业（电石生产）2016（2017）年温室气体排放报告补充数据表	化工生产企业（电石生产）2018 年温室气体排放报告补充数据表
12	化工生产企业（合成氨生产）_____年温室气体排放报告补充数据表	化工生产企业（合成氨生产）2016（2017）年温室气体排放报告补充数据表	化工生产企业（合成氨生产）2018 年温室气体排放报告补充数据表
13		化工生产企业（甲醇生产）2016（2017）年温室气体排放报告补充数据表	化工生产企业（甲醇生产）2018 年温室气体排放报告补充数据表
14		化工生产企业（尿素生产）2016（2017）年温室气体排放报告补充数据表	化工生产企业（尿素生产）2018 年温室气体排放报告补充数据表
15		化工生产企业（轻质纯碱生产）2016（2017）年温室气体排放报告补充数据表	化工生产企业（轻质纯碱生产）2018 年温室气体排放报告补充数据表
16		化工生产企业（烧碱生产）2016（2017）年温室气体排放补充数据表	化工生产企业（烧碱生产）2018 年温室气体排放补充数据表
17		化工生产企业（电石法通用聚氯乙烯树脂生产）2016（2017）年温室气体排放补充数据表	化工生产企业（电石法通用聚氯乙烯树脂生产）2018 年温室气体排放补充数据表

续 表

序号	2013—2015 年度	2016—2017 年度	2018 年度
18	化工生产企业（其他化工产品生产）______年温室气体排放报告补充数据表	化工生产企业（其他化工产品生产）2016（2017）年温室气体排放报告补充数据表	化工生产企业（其他化工产品生产）2018 年温室气体排放报告补充数据表
19	造纸和纸制品生产企业______年温室气体排放报告补充数据表	造纸和纸制品生产企业 2016（2017）年温室气体排放报告补充数据表	造纸和纸制品生产企业 2018 年温室气体排放报告补充数据表
20	民用航空企业（航空公司）______年温室气体排放报告补充数据表	民用航空企业（航空公司）2016（2017）年温室气体排放报告补充数据表	民用航空企业（航空公司）2018 年温室气体排放报告补充数据表
21	民用航空企业（机场航站楼）______年温室气体排放报告补充数据表	民用航空企业（机场航站楼）2016（2017）年温室气体排放报告补充数据表	民用航空企业（机场航站楼）2018 年温室气体排放报告补充数据表

附录 3　全国碳市场发电行业设施数据填报示例

数据			计算方法或填写要求
机组 1	1 发电燃料类型		燃煤、燃油或者燃气。
	2 装机容量（MW）		单机容量，如果合并填报时请列明每台机组的容量。
	3 压力参数 / 机组类型		请填机组类型或压力参数，其中： 对于燃煤机组，压力参数指：中压、高压、超高压、亚临界、超临界、超超临界；并注明是否循环流化床机组、IGCC 机组； 对于燃气机组，机组类型指：B 级、E 级、F 级、H 级、分布式。
	4 汽轮机排汽冷却方式		水冷，含开式循环、闭式循环； 空冷，含直接空冷、间接空冷； 对于背压机组、内燃机组等特殊发电机组，仅须注明，不须填写冷却方式。
	5 机组二氧化碳排放量（tCO_2）		5.1 与 5.2 之和。
	5.1 化石燃料燃烧排放量（tCO_2）		按核算与报告指南公式（2）计算。
	5.1.1 消耗量（t 或万 Nm^3）	燃煤	对于入炉燃料为单一的烟煤、无烟煤或褐煤的，请注明；入炉燃料中含煤矸石、洗中煤、煤泥等低热值燃料的，须填写低热值燃料重量占比。
		辅助燃油	
	5.1.2 低位发热量（GJ/t 或 GJ/ 万 Nm^3）	燃煤	年平均值或者缺省值。
		辅助燃油	

续 表

数据			计算方法或填写要求
机组 1	5.1.3 单位热值含碳量（tC/GJ）	燃煤	年平均值或者缺省值。
		辅助燃油	
	5.1.4 碳氧化率（%）	燃煤	年平均值或者缺省值。
		辅助燃油	化工生产企业（轻质纯碱生产）2018 年温室气体排放报告补充数据表。
	5.2 购入电力对应的排放量（tCO_2）		按核算与报告指南公式（10）计算。
	5.2.1 消费的购入电量（MW · h）		
	5.2.2 对应的排放因子［tCO_2/（MW · h）］		体排。
	6 发电量（MW · h）		来源于企业台账或统计报表。
	7 供电量（MW · h）		来源于企业台账或统计报表。
	8 供热量（GJ）		来源于企业台账或统计报表。
	9 供热比（%）		来源于企业台账或统计报表。
	10 供电煤耗［tce /MW · h）］或供电气耗［万 Nm_3/MW · h］		来源于企业台账或统计报表。
	11 供热煤耗（tce/TJ）或供热气耗（万 Nm_3/TJ）		来源于企业台账或统计报表。
	12 运行小时数（h）		来源于企业台账或统计报表。
	13 负荷率（%）		来源于企业台账或统计报表。
	14 供电碳排放强度［tCO_2/（MW · h）］		热电联产机组须填写，机组 1 供电二氧化碳排放量 / 供电量，其中：供电二氧化碳排放量 = 机组二氧化碳排放量 ×（1– 供热比）

续 表

数据		计算方法或填写要求
机组 1	15 供热碳排放强度（tCO_2/TJ）	热电联产机组须填写，机组 1 供热二氧化碳排放量 / 供热量，其中：供热二氧化碳排放量 = 机组二氧化碳排放量 × 供热比。
全部机组合计	16 二氧化碳排放总量（tCO_2）	所有机组排放量之和。

附录 4 中国 PMR 项目支持开展的培训活动清单

序号	会议	时间	地点	参会省份	培训对象
1	第一期	2018 年 10 月 22—24 日	成都	四川（21） 重庆（16） 贵州（23） 云南（17） 西藏（1）	共 258 人： √ 地方应对气候变化主管部门、地市级应对气候变化主管部门、支撑机构（5 家 ×10 人 / 家）； √ 重点企业代表（104 家 ×2 人 / 家）
2	第二期	2018 年 10 月 25—27 日	新疆	青海（2） 新疆（45） 新疆兵团（19）（2 组）	共 192 人： √ 地方应对气候变化主管部门、地市级应对气候变化主管部门、支撑机构（2 家 ×10 人 / 家）； √ 重点企业代表（86 家 ×2 人 / 家）
3		2018 年 10 月 28—30 日	西安	陕西（59） 甘肃（19） 宁夏（22）	共 290 人： √ 地方应对气候变化主管部门、地市级应对气候变化主管部门、支撑机构（3 家 ×10 人 / 家）； √ 重点企业代表（130 家 ×2 人 / 家）
4	第三期	2018 年 10 月 31 日—11 月 2 日	长春	辽宁（90） 吉林（31） 大连（8）	共 278 人： √ 地方应对气候变化主管部门、地市级应对气候变化主管部门、支撑机构（2 家 ×10 人 / 家）； √ 重点企业代表（129 家 ×2 人 / 家）
5		2018 年 11 月 2—4 日	长春	黑龙江（48）（2 组）	共 134 人： √ 地方应对气候变化主管部门、地市级应对气候变化主管部门、支撑机构（1 家 ×10 人 / 家）； √ 重点企业代表（62 家 ×2 人 / 家）

续 表

序号	会议	时间	地点	参会省份	培训对象
6	第四期	2018年 11月 5—7日	北京	北京（13） 天津（20） 河北（95）	共362人： √ 地方应对气候变化主管部门、地市级应对气候变化主管部门、支撑机构（3家 ×10人/家）； √ 重点企业代表（166家 ×2人/家）
7		2018年 11月 7—9日	太原	山西（133）	共356人： √ 地方应对气候变化主管部门、地市级应对气候变化主管部门、支撑机构（1家 ×10人/家）； √ 重点企业代表（173家 ×2人/家）
8		2018年 11月 10—12日	呼和浩特	内蒙古（106）	共286人： √ 地方应对气候变化主管部门、地市级应对气候变化主管部门、支撑机构（1家 ×10人/家）； √ 重点企业代表（138家 ×2人/家）
9	第五期	2018年 11月 13—15日	南京	江苏（190）	共258人： √ 地方应对气候变化主管部门、地市级应对气候变化主管部门、支撑机构（1家 ×10人/家）； √ 重点企业代表（124家 ×2人/家）
10		2018年 11月 15—17日	南京	江苏（190）	共258人： √ 地方应对气候变化主管部门、地市级应对气候变化主管部门、支撑机构（1家 ×10）； √ 重点企业代表（124家 ×2人/家）
11		2018年 11月 18—20日	南昌	福建（28） 厦门（6） 湖北（41） 江西（27）	共296人： √ 地方应对气候变化主管部门、地市级应对气候变化主管部门、支撑机构（3家 ×10人/家）； √ 重点企业代表（133家 ×2人/家）

续 表

序号	会议	时间	地点	参会省份	培训对象
12	第六期	2018 年 11 月 21—23 日	郑州	湖南（45） 河南（88）	共 366 人： √ 地方应对气候变化主管部门、地市级应对气候变化主管部门、支撑机构（2 家 ×10 人 / 家）； √ 重点企业代表（173 家 ×2 人 / 家）
13		2018 年 11 月 24—26 日	海口	广东（82） 深圳（8） 广西（16） 海南（6）	共 320 人： √ 地方应对气候变化主管部门、地市级应对气候变化主管部门、支撑机构（3 家 ×10 人 / 家）； √ 重点企业代表（145 家 ×2 人 / 家）
14	第七期	2018 年 11 月 27—29 日	杭州	浙江（113）	共 304 人： √ 地方应对气候变化主管部门、地市级应对气候变化主管部门、支撑机构（1 家 ×10 人 / 家）； √ 重点企业代表（147 家 ×2 人 / 家）
15		2018 年 11 月 30 日—12 月 2 日	上海	上海（17） 安徽（40） （2 组）	共 168 人： √ 地方应对气候变化主管部门、地市级应对气候变化主管部门、支撑机构（2 家 ×10 人 / 家）； √ 重点企业代表（74 家 ×2 人 / 家）
16	第八期	2018 年 12 月 3 日—5 日	济南	山东（226）： 150（4 组）	共 395 人： √ 地方应对气候变化主管部门、地市级应对气候变化主管部门、支撑机构（1 家 ×5 人 / 家）； √ 重点企业代表（195 家 ×2 人 / 家）
17		2018 年 12 月 6—8 日	青岛	山东（226 ~ 150）青岛（22）	共 259 人： √ 地方应对气候变化主管部门、地市级应对气候变化主管部门、支撑机构（1 家 ×5 人 / 家）； √ 重点企业代表（127 家 ×2 人 / 家）

附录 5 中国 PMR 项目培训内容设计

模块	培训内容
工作动员	碳市场建设工作部署（30min）
国际经验分享	分享欧盟、加州等国际碳市场的经验（30min）
提高企业气候变化意识，提升企业 MRV 能力建设	应对气候变化的意义、中国应对气候变化政策解读、控制温室气体排放目标、相关行动进展、企业 MRV 能力建设
文件解读	碳市场管理办法修订稿解读（20min）
	配额总量设定、总体方案文件解读（30min）
	配额分配技术指南解读（30min）
数据报送及监测	数据报送系统（报什么、报给谁、怎么报）（30min）
	监测计划（30min）
	核查中常见的问题（30min）（分组）
企业管理	交易系统操作（交易账户开户及管理）（30min）
	注册登记系统（30min）
	企业遵约与碳管理（30min）
	电力企业应对知识分享
实操模拟	配额试算（60min）
	交易与遵约模拟（60min）
意见交流	配额分配

附录 6 监测、报告与核查体系培训活动清单

序号	会议名称	培训时间	培训地点	参加人数	人日数
1	天津市 2019 年企业碳排放报告及遵约工作培训会	2019 年 2 月 28 日—3 月 1 日	天津	150	300
2	碳核查员培训	2017 年 7 月 10—13 日	河北	43	172
3	碳核查员培训	2018 年 1 月 24—26 日	北京	38	114
4	碳核查员培训	2018 年 5 月 23—25 日	北京	46	138
5	碳核查员培训	2018 年 8 月 16—18 日	北京	51	153
6	河钢集团能力建设培训	2018 年 11 月 22—24 日	北京	37	111
7	山西漳泽电力培训	2018 年 3 月 28—30 日	山西	33	99
8	山西大同市发改委培训	2018 年 6 月 22—24 日	大同	117	351
9	2017 年度碳交易企业核查技术要求宣贯暨温室气体直报系统应用技术培训	2018 年 2 月 7—8 日	武汉	28	56
10	碳核查员培训	2018 年 2 月 6—7 日	武汉	32	64
11	河南省 2017 年度重点企业第三方核查机构核查人员培训会	2018 年 10 月 12—13 日	郑州	55	110

续 表

序号	会议名称	培训时间	培训地点	参加人数	人日数
12	江西九江市能力建设培训	2017 年 3 月 27—30 日	江西	97	388
13	广东省 2016 年度碳排放核查人员培训会	2017 年 3 月 7—8 日	广州	150	300
14	深圳市和国家碳排放核查方法对接交流会	2018 年 2 月 6—7 日	深圳	30	60
15	深圳航空碳排放核算培训	2018 年 5 月 22—24 日	深圳	33	99
16	东海航空碳排放核算培训	2018 年 6 月 4—5 日	深圳	20	40
17	广西投资集团能力建设培训	2017 年 7 月 19—21 日	广西	122	366
18	新疆维吾尔自治区政府投资项目评审中心能力建设培训	2017 年 4 月 25—27 日	新疆	33	66
19	四川省重点企事业单位温室气体核算报告和管理能力培训会（第一期）	2015 年 4 月 8—10 日	成都	180	540
20	四川省重点企事业单位温室气体核算报告和管理能力培训会（第二期）	2015 年 8 月 19—21 日	成都	185	555
21	普洱市能力建设培训	2018 年 7 月 23—25 日	普洱	60	180

附录 7 分行业全国碳市场能力建设活动汇总表

序号	会议名称	培训时间	培训地点	参加人数	人日数
1	中国碳市场重点行业企业高层培训研讨会	2016 年 1 月 18 日	电力、石化、钢铁、有色金属等重点行业	北京	200
2	中国铝业碳交易视频培训会	2016 年 3 月 10 日	有色金属	北京	100
3	石化企业碳交易市场能力建设高级研修班（一期）	2016 年 11 月 16—18 日	石化、化工	北京	90
4	石化企业碳交易市场能力建设高级研修班（二期）	2016 年 12 月 8—9 日	石化、化工	武汉	50
5	央企参与全国碳市场培训研讨会	2016 年 12 月 13 日	有色金属、石化、钢铁、电力等重点行业	北京	200
6	有色金属行业碳市场能力建设工作会	2016 年 12 月 21—22 日	有色金属	东营	200
7	平板玻璃行业碳交易能力建设培训及基准值确定座谈会	2017 年 3 月 20—21 日	平板玻璃	北京	70
8	造纸企业全国碳市场能力建设高级研修班	2017 年 5 月 25—26 日	造纸	北京	60

参考文献

陈波，2016. 论我国碳排放权交易所自律管理的法律逻辑［J］. 证券市场导报，10: 66-72.

陈波，2019. 欧盟金融监管规则对碳市场的普遍适用和例外情形［EB/OL］.（2019-07-16）.http://www.tanpaifang.com/tanguwen/2019/0715/64673.html.

董文福，刘泓汐，王秀琴，等，2011. 美国温室气体强制报告制度综述［J］. 中国环境监测，27（2）：18-22.

段茂盛，庞韬，2013. 碳排放权交易体系的基本要素［J］. 中国人口：资源与环境，23(3): 110-117.

段茂盛，2018. 全国碳排放权交易体系与节能和可再生能源政策的协调［J］. 环境经济研究，2: 1-10.

国家统计局，2020. 分省年度数据［EB/OL］. https://data.stats.gov.cn/easyquery.htm?cn=E0103.

国务院国有资产监督管理委员会，中国节能环境保护集团有限公司，2017. 中央企业节能减排发展报告 2017［R］. 北京.

侯士彬，康艳兵，熊小平，等，2013. 温室气体排放管理制度国际经验及对我国的启示［J］. 中国能源，35（3）：16-22.

清华大学，2018. 全国碳排放交易市场的空气质量和健康影响研究：内部报告［R］. 北京 .

王志轩，2017. 中国能源电力转型的十大趋势［EB/OL］.（2019-01-43）.https://cec.org.cn/detail/index.html?3-258052.

谢增毅，2006. 政府对证券交易所的监管论［J］. 法学杂志，3: 94-97.

张丽欣，王峰，王振阳，等，2016. 欧美日韩及中国碳排放交易体系下的监测、报告和核查机制对比［J］. 清洁能源蓝皮书：温室气体减排与碳市场发展报告，25-57.

张美玲，2018. 我国商品期货市场监管法律制度研究［M］. 北京：中国政法大学出版社 .

张希良，2017. 全国碳市场总体设计中几个关键指标之间的数量关系［J］. 环境经济研究，3: 1-5.

张学政，刘磊，2010. 境外主要交易所一线监管的现状、发展趋势及启示［J］. 理论月刊，3: 81-84。

张忠利，2016. 韩国碳排放交易法律及其对我国的启示［J］. 东北亚论坛，5: 50-63。

中国电力企业联合会（CEC），2018. 中国电力行业年度发展报告 2018［R］. 北京 .

中国电力企业联合会（CEC）,2019. 中国电力行业年度发展报告 2019［R］. 北京 .

中国企业联合会，中国企业家协会，中国企业管理科学基金会，2019.“十三五”以来中国企业节能减排状况调查报告［R］. 北京 .

中国质量认证中心，清华大学环境学院，国家发改委能源研究所，2015. 企业碳排放管理国际经验与中国实践［M］. 北京：中国质检出版社，中国标准出版社 .

中华人民共和国生态环境部，2018. 中华人民共和国气候变化第二次两年更新报告［R］.http://www.ccchina.org.cn/Detail.aspx?newsId=72547&TId=65.

California Air Resources Board, 2020. ［EB/OL］.https://ww2.arb.ca.gov/our-work/programs/cap-and-trade-program/cap-and-trade-program-guidance-and-forms.（2020-08-16）.

DUAN M S, PANG T, ZhANG X L, 2014. Review of Carbon Emissions Trading Pilots in China［J］. Energy & Environment, 25(3&4): 527-549.

DUAN M S,TIAN Z Y, Zhao Y Q, Li M Y, 2017a. Interactions and coordination between carbon emissions trading and other direct carbon mitigation policies in China［J］. Energy Research & Social Science 33：59-69.

DUAN M S, ZHOU L, 2017b. Key issues in designing China's national carbon emissions trading system［J］. Economics of Energy & Environmental Policy, 6（2）：55-72.

DUAN M S, QI S Z, WU L B, 2018. Designing China's national carbon emissions trading system in a transitional period［J］. Climate Policy, 18:（1）：1-6.

European Commission, 2015. EU ETS Handbook［EB/OL］. https://ec.europa.eu/clima/sites/clima/files/docs/ets_handbook_en.pdf.（2020-08-16）.

LI S T,HE J, 2008. GTAP 7 data base documentation［EB/OL］.http://www.gtap.agecon.purdue.edu/resources/res_display.asp?RecordID=2882.

LIU YU, CHEN J , 2015. GTAP 9 data base documentation［EB/OL］. http://www.gtap.agecon.purdue.edu/resources/res_display.asp?RecordID=4826.

PANG T, ZHOU S, DENG Z, et al, 2018. The influence of different allowance allocation methods on China's economic and sectoral development［J］.Climate Policy, 18(1):27-44.

PANG T, DUAN MAO S,2016. Cap setting and allowance allocation in China's emissions trading pilot programmes: special issues and innovative solutions［J］. Climate Policy, 16:7；815-835.

The Regional Greenhouse Gas Initiative, 2020.［EB/OL］.https://www.rggi.org/allowance-tracking/compliance.（2020-08-16）.

U.S. Environmental Protection Agency, 2009. Regulatory Impact Analysis for the Mandatory Reporting of Greenhouse Gas Emissions Final Rule.

图书在版编目（CIP）数据

中国全国碳市场总体方案与关键制度研究 / 张希良，马爱民著．—北京：中国市场出版社有限公司，2023.4
ISBN 978-7-5092-2150-1

Ⅰ．①中… Ⅱ．①张… ②马… Ⅲ．①二氧化碳—排污交易—研究—中国 Ⅳ．① X511

中国版本图书馆 CIP 数据核字 (2021) 第 208649 号

中国全国碳市场总体方案与关键制度研究
ZHONGGUO QUANGUO TANSHICHANG ZONGTI FANG'AN YU GUANJIAN ZHIDU YANJIU

著　　者：张希良 马爱民
责任编辑：刘佳禾
出版发行：中国市场出版社
社　　址：北京市西城区月坛北小街 2 号院 3 号楼（100837）
电　　话：（010）68034118/68021338/68022950/68020336
经　　销：新华书店
印　　刷：北京捷迅佳彩印刷有限公司
规　　格：185mm×260mm　　16 开本
印　　张：13　　字　　数：160 千字
版　　次：2023 年 4 月第 1 版　　印　　次：2023 年 4 月第 1 次印刷
书　　号：ISBN 978-7-5092-2150-1
定　　价：198.00 元